Fritz Kretzschmer · Bilddokumente römischer Technik

Bilddokumente römischer Technik

Im Auftrag des Vereins Deutscher Ingenieure
zusammengestellt von
Dr.-Ing. Fritz Kretzschmer

neubearbeitete Auflage

© Panorama Verlag, Wiesbaden

Printed in Germany

ISBN 3-926642-27-0

Vorwort

Herausragende Zeugnisse aus allen Bereichen des täglichen Lebens dokumentieren die genialen technischen Leistungen des römischen Volkes in Architektur, Straßen- und Brückenbau, Schiffsverkehr, Kriegstechnik, Industrie, Handwerk und Kunst.

Mit dem Sieg bei Aktium im Jahre 31 v. Chr. leitete Kaiser Augustus eine 300-jährige Blütezeit des Imperium Romanum ein, die sich in einer Ära von unvergleichlicher Entfaltung des Wohlstands, der Kultur und der Technik offenbarte. Die detailgenaue Darstellung römischer Erfindungen vermittelt faszinierende Einblicke in den Alltag einer antiken Hochkultur.

INHALT

I.	Geschichtliches	1
II.	Technisches Rechnen	3
III.	Handwerk	9
IV.	Bauwesen	18
V.	Industrie	24
VI.	Haustechnik	28
VII.	Beleuchtung	36
VIII.	Gutshöfe	39
IX.	Wasserversorgung	45
X.	Kanalisation	58
XI.	Großbauten	62
XII.	Thermen	68
XIII.	Straßen und Straßenverkehr	75
XIV.	Brückenbau	81
XV.	Schiffbau und Schiffsverkehr	85
XVI.	Kriegstechnik	94
XVII.	Schrifttum	99
XVIII.	Bildnachweis	99

I. GESCHICHTLICHES

Der 2. September des Jahres 31 v. Chr. brachte eine Wende der römischen Geschichte. An diesem Tage endete mit dem Siege des Augustus bei Aktium ein Jahrhundert ruinöser Bürgerkriege. Mit diesem Tage begann das Friedensregiment des Augustus, das 300 Jahre lang auch nach seinem Tode noch Bestand behielt.

Mit dem Siege von Aktium fiel dem Augustus die Alleinherrschaft des Römerreiches zu. Sie fiel an einen der weisesten Politiker, der maßvollsten Regierer und der klügsten Verwalter aller Zeiten. Zu einem großen Staatsakt am 13.1.27 v. Chr. gab er die ganze Staatsgewalt an Senat und Volk zurück. In der Sache blieb er der „princeps". Der Segen dieser versöhnlichen Friedensherrschaft war unermeßlich. Kultur und Technik erblühten zu ungeahnter Höhe. Den primitiv-hölzernen Jupitertempel auf dem Capitol ersetzte Augustus wie viele andere Staatsgebäude durch einen prunkvollen Marmorbau. Anstelle provisorischer Holztribünen entstanden die ersten monumentalen Massivtheater. All das wandelte die Stadt Rom von einer halbbäuerlichen Ackerbürgergemeinde zum prunkenden Zentrum der Welt.

Nicht zuletzt befruchtete solcher Fortschritt die Technik. Agrippa, des Augustus Schwiegersohn, Feldherr und engster Freund, führte eine Straßenvermessung im Reich durch und legte wichtige Teile des die ganze alte Welt überziehenden staatlichen Fernstraßennetzes an. Nicht durch Zufall fallen bedeutsame Erfindungen noch in die Lebenszeit des Augustus. Zu ihnen gehört der Flachguß des an sich längst bekannten Glases zu Fensterscheiben, die Wärmedämmung der Baderäume durch die sog. Tubulatur und die Verwendung hochfeuerfester hartgebrannter Ziegel für die ebenfalls damals schon seit 100 Jahren bestehenden Hypokausten. Diese Erfindungen ermöglichten es, die Verbrennungstemperaturen in den Feuerungen der Bäder auf 600 bis 800 °C und die Raumtemperatur im Dampf- und Heißluftbad auf 55 °C zu steigern. Die dunklen, muffigen Badeanstalten der republikanischen Epoche wandelte die neue Technik zu den monumentalen Thermen der Kaiserzeit mit wandgroßen verglasten Fensterflächen und kirchenhohen Heißräumen. Es entstanden die Gemeinschaftsbäder für Tausende von Benutzern in Rom, Germanien, Nordafrika und Kleinasien. Die Reste der Diocletiansthermen in Rom sind wohl heute noch das imposanteste Bauwerk, das die Antike uns hinterlassen hat.

Den unzureichenden republikanischen Aquädukten folgte schon in früher Kaiserzeit die „moderne" Hochleistungsanlage, der Anio novus, und bereits

1

im 1. Jh. n. Chr. schuf die fortgeschrittene Technik das staunenswerte Werk der 78 km langen Wasserleitung Kölns. Überhaupt ist in den nördlichen Provinzen die Einführung der römischen Kultur erst aus den technischen Fortschritten der frühen Kaiserzeit, nicht zuletzt aus der Erfindung des Fensterglases, verständlich.

Die Ära des Friedens, der Fax Romana, segnete das ganze Imperium seit Augustus noch 300 Jahre lang. Sie hielt im Inneren über die Alemanneneinfälle des 3. Jhs. hinaus an. Sie war die Zeit unvergleichlicher Entfaltung des Wohlstandes, der Kultur und der Technik. Selten hat die Menschheit das wieder erreicht. 300 Jahre einheitlicher Verfassung, einheitlicher Amtssprachen, einheitlichen Rechtes, nicht immer solider, aber einheitlicher Währung und Münze, freien Verkehrs und Handels auf durchgehenden Fernstraßen ohne Visum, Zölle, Landesgrenzen oder Eisernen Vorhang.

So kommt es, daß die in diesem Buch enthaltene Auswahl von Zeugnissen der technischen Hochkultur fast ganz jener Blütezeit des Imperium Romanum entstammt.

II. TECHNISCHES RECHNEN

Zahlen sprechen, Zahlen zählen und Zahlen schreiben ist nicht dasselbe. Diese drei Dinge entstanden in der Urzeit nicht gleichzeitig, sondern nacheinander. Der Römer sprach wie wir in dekadischen Zahlen. Aber der Techniker zählte ganz anders. Denn seine Maße enthielten eine 16er oder 12er Teilung. Seine erst spät und als letztes entstandene Zahlenschrift aber war gebildet aus wahren Ungetümen von Buchstaben und Zählstrichen ohne jeden dekadischen Aufbau. 66 mal 687 ist leicht. Man rechne aber einmal

LXVI mal DCLXXXVII !

Es war fürchterlich. Schriftlich überhaupt unmöglich. Man brauchte ein ganz anderes Verfahren. Dies fand man mit Hilfe des Abakus. Seine Erfindung ist eine der Großtaten in der menschlichen Geistesgeschichte. Er begegnet uns zuerst bei den Ägyptern. Herodot sagt von ihnen um 450 v. Chr.:

$$\gamma\varrho\acute{\alpha}\mu\mu\alpha\tau\alpha \;\; \gamma\varrho\acute{\alpha}\varphi o\upsilon\sigma\iota\nu \;\; \varkappa\alpha\acute{\iota} \;\; \lambda o\gamma\acute{\iota}\zeta o\nu\tau\alpha\iota \;\; \psi\acute{\eta}\varphi o\iota\varsigma$$

„Sie ziehen Linien und rechnen (zwischen ihnen) mit Steinchen". Das war zwar nicht der Beginn der Mathematik, sondern, was wichtiger war, der Elementarrechnung für Klippschüler, Marktfrauen, Kaufleute, Büroangestellte, Handwerker, Techniker und Ingenieure.

Bild 1. Bronzener Handabakus aus dem Cabinet des Médailles der Bibliothèque Nationale, Paris. Vermutlich frühe Kaiserzeit.

3

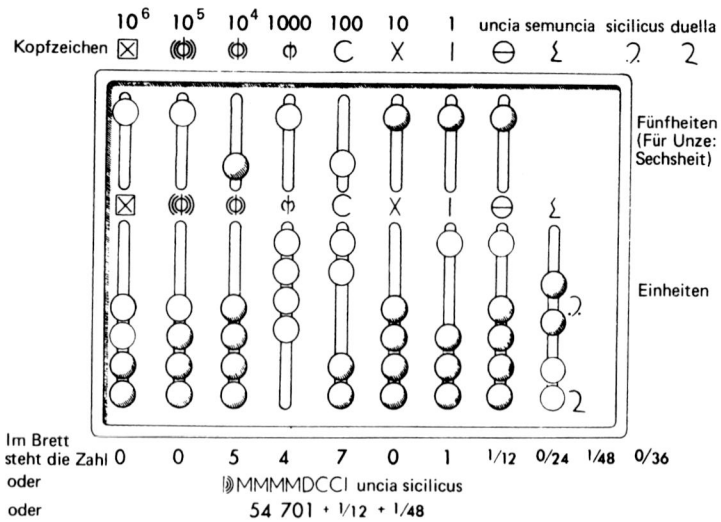

	10^6	10^5	10^4	1000	100	10	1	uncia	semuncia	sicilicus	duella
Kopfzeichen	⊠	(Ⓓ)	φ	¢	C	X	I	⊖	₴	⌐	Ƨ

Fünfheiten
(Für Unze:
Sechsheit)

Einheiten

| Im Brett steht die Zahl 0 | 0 | 5 | 4 | 7 | 0 | 1 | $1/12$ | $0/24$ | $1/48$ | $0/36$ |

oder |)MMMMDCCI uncia sicilicus

oder   54 701 + $1/12$ + $1/48$

Bild 2. Deutung des Abakus. Verf. Man rechnete, indem man die zu addierenden oder subtrahierenden Knöpfe zur Mitte schob.

Was ist nun ein Abakus? Es ist sehr einfach. Man zieht auf einer Tafel mit Griffel oder Kreide senkrechte Linien. So entstehen Spalten. Die Spalten sind der Reihe nach für die Einer, Zehner, Hunderter usw. bestimmt. Will man z.B. 345 + 7 addieren, so legt man 3, 4 und 5 Steinchen in die Hunderter, Zehner- und Einerspalte. Dann fügt man in letzterer 7 Steinchen hinzu. Liegen jetzt in einer Spalte mehr als 10, so werden dort 10 Steinchen ausgeräumt und statt dessen eines in die nächsthöhere Spalte gelegt. Was dann im Abakus liegt, ist das Ergebnis. So konnte man beliebig große und beliebig viele Zahlen addieren und subtrahieren. Auch Multiplikation und Division waren möglich.

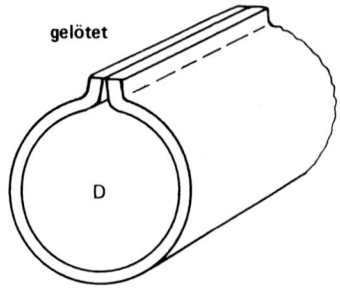

gelötet

D

Bild 3. Ein Rohrquerschnitt. Verf.

Kalk heißt lateinisch calx. Ein kleines Kalksteinchen ist ein calculus. Rechnete man mit ihnen, so „kalkulierte" man.

Das Rechenbrett mit den Linien vervollkommnete der Römer nun zu einer kleinen Rechenmaschine, dem Handabakus. Er war so groß wie eine Postkarte und bestand aus Bronze. In dem Täfelchen waren oben kurze, unten lange Schlitze. In den Schlitzen liefen Gleitknöpfe, Bild l, die calculi. Jetzt aber nicht mehr 10, sondern oben 1, unten 4 calculi. Das war übersichtlicher. Die geltenden calculi wurden zur Mitte geschoben. Erreichte oder überschritt man irgendwo die Zahl 5, so wurde der zugehörige 5er Knopf heruntergezogen. Bild 2 zeigt, wie das aussah. Die im Fundgegenstand (Bild 1) fehlenden calculi sind in Bild 2 dünn ergänzt. Beim Photographieren von Bild 1 sind alle Knöpfe nach unten gerutscht.

Wir kommen nun zur Bruchrechnung. Teile, kleiner als eins, mußte man als echte Brüche ausdrücken. Ägypter und Griechen taten das auch; der Römer benutzt sie noch heute gelegentlich. Beispielsweise kannten Griechen und Römer für π den sehr genauen Wert

$$\pi = 22/7 \text{ oder } \pi = 3 + 1/7.$$

Damit errechnete der Ingenieur den Umfang $\pi \cdot D$ der Rohre, also die Breite der zusammenzubiegenden Bleiplatten, Bild 3. Für den Rohrquerschnitt gibt Sextus Julius Frontinus, Direktor der Wasserversorgung (curator aquarium) Roms um 97 n. Chr. an: Der Inhalt des Einheitsquadrates (digitus quadratus) ist um 3/14 größer als der Inhalt des Einheitskreises (digitus rotundus). Er rechnete also

$$\pi/4 \, D^2 = (1 - 3/14) \, D^2.$$

Das alles war genau. Aber es war entsetzlich umständlich. Die Rechenaufgabe wurde zur Katastrophe, sobald man „in die Brüche kam". Das Wort ist noch heute geflügelt.

Hier schuf der Römer die Wandlung. In Münze, Gewichten und Maßen erhob er den Zwölferbruch zur Norm. Ein Ganzes war 1 As, der 12. Teil hieß Unze (uncia). Man zählte aber nicht 1, 2, 3 usw. Unzen, sondern die Zwölferteile hatten Namen: uncia, sextans, quadrans usw. In Bild 4 sind sie aufgeführt. Für jeden Bruchteil hatte man ein aus Punkten gebildetes Schriftzeichen. Auch diese sieht man in Bild 4. Ihre Zähligkeit ist erstaunlich. Der Würfel- und der Kartenspieler trifft alte Bekannte. Die Unze teilte man wieder in Zwölferteile mit Wortnamen:

$$\text{Semuncia} = \frac{1}{2 \cdot 12} \text{ -, duella} = \frac{1}{3 \cdot 12} \text{ -, sicilicus} = \frac{1}{4 \cdot 12}.$$

$$\text{Der kleinste Teil war ein Skrupel} = \frac{1}{24 \cdot 12}$$

5

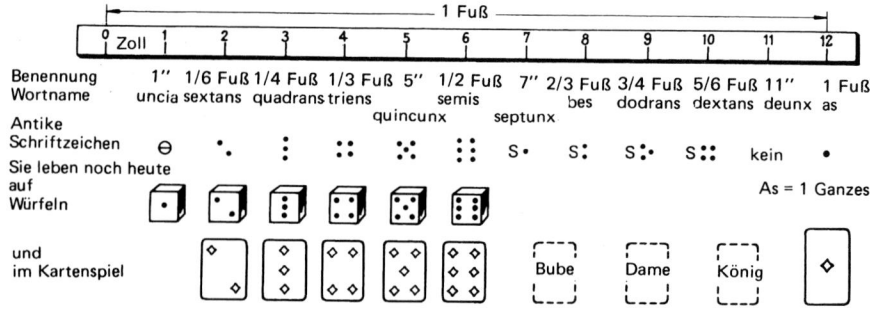

Bild 4. Die Maße und ihre Zeichen. Verf.

Was war nun der Gewinn aus diesen Zwölferbrüchen? Er war von unermeßlichem praktischem Wert, denn mit dem Einheitsbruch konnte man auf dem Abakus rechnen.

Auf dem Abakus kann man mit jedem beliebigen Zahlensystem arbeiten. Wichtig ist allein, daß das System festliegt. Und das erreichte die Tat- und Organisationskraft des Römers, indem er für das Geschäftsleben die unendliche Zahl der beliebigen Brüche beseitigte und sie durch den Einheitsbruch, die Unze, ersetzte. Es war eine Normung, unserer DIN vergleichbar. Jetzt konnte nicht nur die Marktfrau, sondern namentlich auch der Ingenieur bequem mit Brüchen umgehen.

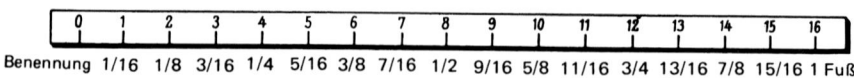

Benennung 1/16 1/8 3/16 1/4 5/16 3/8 7/16 1/2 9/16 5/8 11/16 3/4 13/16 7/8 15/16 1 Fuß

Bild 5. 16er Teilung des Fußmaßes. Verf.

Noch mehr, auf dem Abakus kann man sogar von einem in ein anderes System übergehen. Das tat man auch. Man sieht es in Bild 2. Waren 12 Unzen voll, wurde in den Dekadenspalten 1 Einer angeschoben. Handwerk und Technik rechneten im allgemeinen mit Unzen. Feinmechaniker und Rohrinstallateure hatten außerdem noch ein kleineres Maß. Das war ein digitus (Finger) = 1/16 Fuß. Man zählte nun aber häufig nicht nach Fingern, sondern sagte für 6 Finger 3/8 Fuß oder 3/4 Fuß für 12 Finger, Bild 5. Also genau, wie der „fortschrittliche" Angelsachse das mit seinen Gewinde- und Gasrohrnormen macht. Schön, nicht wahr? Jeder „metrische" Ingenieur weiß, wieviel Freude das Hantieren mit ihnen

6

Bild 6. Antike Rechenszene auf einem Grabstein aus Trier. Rheinisches Landmuseum Trier.

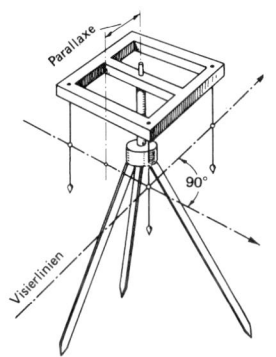

Bild 7.
Die Groma; 1. Jh. n. Chr. Zeichnung des Verf. Nach einem Modell auf der Saalburg. [1]

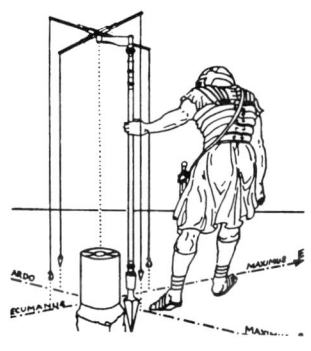

Bild 8.
Römischer Landvermesser mit Groma.

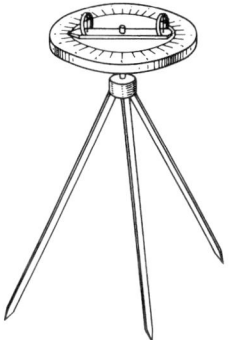

Bild 9.
Das Diopter, Winkelmesser des Bauingenieurs. Zeichnung des Verf. auf Grund verschiedener antiker Beschreibungen.

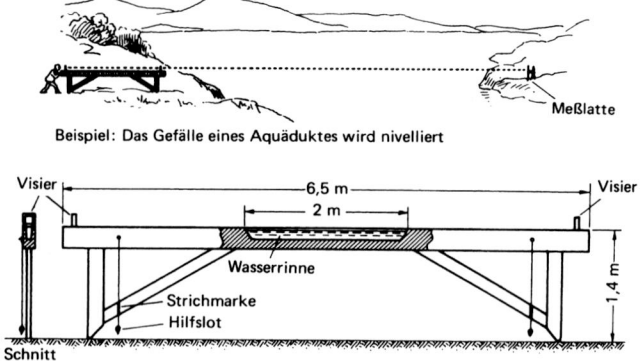

Beispiel: Das Gefälle eines Aquäduktes wird nivelliert

Bild 10. Der Chorobates, das Nivellierinstrument der Antike. Zeichnung des Verf. Nach Vitruv: de architectura, VIII, 5; um Chr. Geb.

macht. Zum Tröste: Schon der antike Kollege mußte sich damit quälen. So modern ist die „neue" Welt Amerika.

Multiplizierte oder dividierte man große Zahlen, so war es zweckmäßig, Zwischenprodukte vorübergehend festzuhalten. Man konnte das. Durch Krümmung der Fingerglieder vermochte man Zahlen von 1 bis 1000 darzustellen. Das zeigt Bild 6. Zwei Kaufleute rechnen auf dem Abakus. Links hinten gibt ein Bediensteter mit den Fingern Hilfestellung.

Die Längenmaße wurden natürlich genau wie heute von Meßstäben oder Meßbändern abgenommen. Eigenartiger waren die Winkelmesser. Der Rechtwinkel spielte in der Landparzellierung eine weitaus größere Rolle als heute. Ihm diente die Groma, Bild 7. Man visierte über die drei unter 90° angeordneten Fäden der Senklote. Die Visierlinien liefen am Mitteljunkt des Gerätes vorbei. Eine verbesserte Ausführung, Bild 8, vermied diesen Parallaxenfehler.

Beliebige Winkel maß man mit dem Diopter, s. Bild 9. Wichtig war das Nivellierinstrument, der Chorobates, Bild 10, eine Art Wasserwaage, eingefügt in ein langes Scheit. Am Anfang und am Ende des Richtscheites saßen zwei Visiermarken, also eine Art Kimme und Korn. Man richtete über Kimme und Korn die Meßlatte eines entfernten Meßpunktes an und ermittelte so dessen Höhenlage. Das Prinzip ist das gleiche wie das des modernen Theodoliten. Der Chorobates war das wichtigste Hilfsmittel zur Nivellierung der viele Kilometer langen Wasserleitungsgerinne. Die Genauigkeit, d.h. die Gleichmäßigkeit des Gefälles, die die Alten damit erreichten, ist erstaunlich, ja fast unvorstellbar. Quintus Candidus war einer derer, die diese Kunst verstanden (vgl. S. 72).

8

III. HANDWERK

Wenige Gebiete menschlichen Schaffens haben durch die Jahrhunderte ihre Formen so unverändert bewahrt wie das Handwerk. Der Schmied. Nichts ist uns in einer Schmiede neu, Bild 11. Nicht die Schmiedeesse mit Blasebalg und dem Gesellen, der ihn bedient, weder Zange noch doppelbahniger Schmiedehammer. Auch die hölzerne Schabotte ist uns gewohnt. Ungewohnt ist nur der hörnerlose Amboß. Selbst wie heute pflegte der Schmied ein fertiges Stück, wenn es nicht abgeschreckt werden sollte, zum Abkühlen auf den Boden zu werfen. Es liegt rechts von seinem Fuß. Bild 12 zeigt eine Feinschlosserei. Man erkennt links den Muffelofen mit Windpfeife und Strahlungsschutz, dahinter den Blasebalg. Ein Lehrling bedient ihn. Der Balg ist doppeltwirkend, kenntlich an der gegabelten Pfeife. Der Feinschlosser arbeitet sitzend. Das war üblich. Wieder bemerkt man auf der Holzschabotte den hörnerlosen Amboß. Rechts hängen Beiß- oder Schmiedezange, Schlosserhammer und Flachfeile. Darunter ein fertiges Werkstück. Es ist ein gewöhnliches Kastenschloß. Das römische Schloß war ein Schiebeschloß. Man drehte den Schlüssel nicht, sondern hob ihn und damit die Zuhaltungen. Dann schob man ihn und mit ihm den Riegel zur Seite. Das in Bild 12 deutlich sichtbare Schlüsselloch hatte deshalb Winkelform. Der Schieberiegel ist hinter dem Schloß zu sehen. Daneben sind Zylinder, langrechteckige Schlösser und kugelförmige „Vorhangschlösser" bekannt geworden, deren Verschlußvorrichtungen mit Ringführungen und Federn ausgestattet sind

Bild 11. Schmiedewerkstatt, 4. Jh. n. Chr., Ritzzeichnung aus der Domitilla-Katakombe.

Bild 12. Schlosserei. Aquileja, Museo Archeologico.

und nur mit Hohlschlüsseln auf einem Führungsdorn und komplizierten „Bärten" als Öffner für den Mechanismus benutzt werden konnten (besonders für Handschellen und Fußfesseln, Opferstöcke).

Auch der Messerschmied ist kein Grobschlosser. Auch er arbeitet im Sitzen, Bild 13. Der Zuschläger steht. Aber der Hammer, den er schwingt, ist kein Vorschlaghammer. Er ist höchstens ein 500-g-Hammer und wird mit einer Hand geführt. Das entspricht der Feinheit der dünnen Werkstücke. So ist auch der wiederum hörnerlose Amboß auffallend leicht auf ungewöhnlich hoher Schabotte.

Bild 13. Messerschmiede, 1. Jh. n. Chr. Rom, Vatikan-Museum.

Die Wärmebehandlung des aufgekohlten Stahles ist ein Kunststück. Deshalb steht der Amboß unmittelbar vor dem Muffelofen. So kommt der Stahl ohne Temperaturänderung und Gefügewandlung vom Ofen unter den Hammer, Bild 12. Die Härtung wurde durch wiederholtes Aufglühen und Ausschmieden und Abschrecken in Wasser, Öl oder Harn bewirkt.

10

Bild 14. Schuster. Bemaltes Relief aus Reims (Frankreich) 1. bis 2. Jh. n. Chr., Museum Reims.

Bild 15. Schreiner. Pompejanisches Wandgemälde, 1 Jh. n. Chr. Aus [2].

Bild 13 zeigt Fertigstücke: Beilartiges Messer für Metzger und Priester, dann Knochen- oder Schrotmeißel (?), Zange für Rundmaterial, Sichel. Der Schuster, Bild 14; römische Schuhe waren pantoffel- oder sandalenartig, so wie der Schuster selbst sie im Bilde trägt. Sie werden deshalb nicht mit dem Knieriemen übers Knie, sondern mit einem Spannriemen auf einen Leisten gespannt. Den Riemen spannte er, ähnlich wie einen Knieriemen, mit dem linken Fuße. An der Wand Ledermesser, Pfriem u.a.

Der Schreiner. Eine reiche Auswahl verschiedener Hobel ist von den heutigen kaum zu unterscheiden. Was es noch nicht gab, war die Hobelbank. Der Schreiner in Bild 15 hat sein Arbeitsstück auf der Werkbank durch Keile festgeklemmt. Offenbar stemmt er ein Zapfenloch aus. Am Boden liegt unter der Bank ein Drillbohrer. Er wurde durch einen Flitzbogen betätigt. Man machte vom Altertum bis in die neueste Zeit vieles aus Holz, was wir seit wenigen Jahrzehnten aus Metallen oder Kunstsoff fertigen. So alle Fahrzeuge, ferner Maschinen, Zahnräder, Pumpen. Auch die Orgel, Bild 16, ist bis auf die Pfeifen ganz Schreinerarbeit. Das Stück wurde in Aquincum (Budapest) gefunden. Es stammt aus der Zeit 250 n. Chr. Bild 17 ist eine Rekonstruktion, die in Übereinstimmung zu der Darstellung einer Orgel auf dem Mosaik in Nennig mit Blasebälgen und Luftklappen betrieben werden konnte.

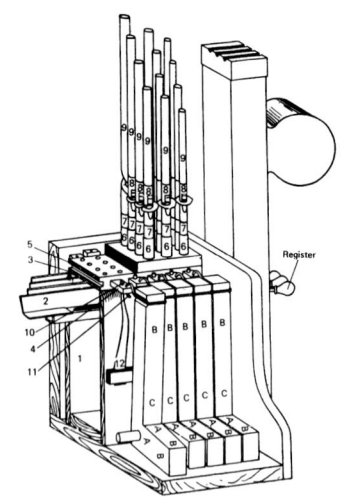

Bild 16 und 17. Orgel aus Aquincum (Budapest). Aus [1].

Der Tuchmacher. Gewerbliche Webereien sind relativ selten bezeugt, doch lassen Grab- und Moorfunde eine zunehmende Verfeinerung der Technik erkennen, die dem Bedürfnis spätantiker Repräsentation und Luxus entsprach. Die Notitia dignitatum verzeichnet als Unterbeamten der kaiserlichen Domänenverwaltung einen „procurator re privatae gynaeciorum Triberorum, einen Prokurator der kaiserlichen Webereien und Werkstätten

Bild 18. Tuchwalkerei des Stephanus in Pompeji. 1. Jh. n. Chr. Nach [2].

12

der „barba baricarii", die Gewänder und Waffen mit Gold versahen. Zahlreiche Grabfunde bestätigen die Verarbeitung von Seide zu gemusterten Stoffen (Damaste), die zusätzlich mit von Goldfolie umwundenen Fäden kunstvoll verziert wurden (Brokat).

Die Vorbereitung der Wolle und des Flachses und das Spinnen des Fadens wurde im Hause vorgenommen und war, wie das Weben in Heimarbeit üblich. Die weitere Verarbeitung übernahmen Tuchmacherbetriebe, die das Gewebe durch Walken, Scheren, Färben in Tuch umwandelten. Solche gewerbsmäßigen Tuchmachereien (fullonica) gibt es in Pompeji und Ostia mindestens je ein Dutzend,

Bild 19. Tuchwalker. Bemaltes Relief aus Sens (Frankreich) 1. bis 2. Jh. n. Chr., Museum Sens.

Bild 18. Der Walker stand in einem Bottich und stützte sich mit den Armen auf zwei Seitenlehnen, Bild 19. Er walkte das Tuch durch Stampfen und Hüpfen. Das sah aus, als ob er tanze. Man nannte die Arbeit deshalb den „Walkertanz". Als Walkflüssigkeit zum Verfilzen des Gewebes nahm man

Bild 20. Tuchmacherei. Pompejanisches Wandbild, 1. Jh. n. Chr., Museo Nazionale, Neapel.

Bild 21. Tuchscherer. Bemaltes Relief aus Sens (Frankreich), 1. bis 2. Jh. n. Chr., Museum Sens.

13

Bild 22. Pompejanische Bäckerei; 1. Jh. n. Chr.

Bild 23. Brotfabrik. Teilausschnitt eines Reliefs vom Grabmal des Euryakes, Rom.

14

Bild 24. Mühle. Duch freundliche Vermittlung des Römisch-Germanischen Zentralmuseums Mainz.

15

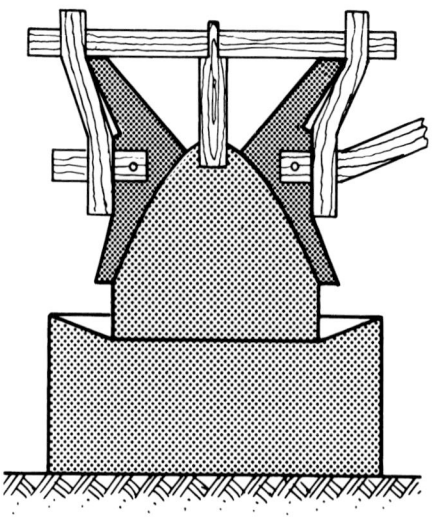

Bild 25. Mühle. 1. Jh. n. Chr., Schnittzeichnung. Nach [3].

Urin. Die Unternehmer hatten die Konzession, ihn zu sammeln. Dazu stellten sie ein Tonfaß (dolium curtum) vor ihrer Werkstatt auf die Straße. So war beiden geholfen: Dem Walker und dem bedrückten Passanten. Der Betrieb stank. Walkereien waren deshalb übel gelittene Nachbarn. In manchen Städten waren sie auf besondere Bezirke verwiesen.

Das gewalkte Tuch wurde auf einem Rohrgestell geschwefelt. Der Arbeiter in Bild 20 trägt Gestell und Schwefellampe. Sie wurde ins Innere des Gerüstes gestellt. Urin und Schwefel sollten wohl die Leuchtkraft der Farbe herausholen.

Zottiger Stoff (gausapum) wie Loden, Frottee, Plüsch, wurde gekratzt. Man sieht das in Bild 20 hinten. Glattes Tuch wurde geschoren, Bild 21.

Warum aber hört man kaum etwas von einem antiken Schneider? Nun, an der Kleidung war kaum Näharbeit. Die Toga und weibliche Stola waren große ovale Umschlagetücher. An der hemdartigen Tunika waren nur wenige Stiche zu nähen. Natürlich spielten Mode und Chic keine kleinere Rolle als heute. Die wahre Eleganz erzielte man aber nicht durch die Kunst seines Schneiders, sondern durch vollendeten Faltenwurf.

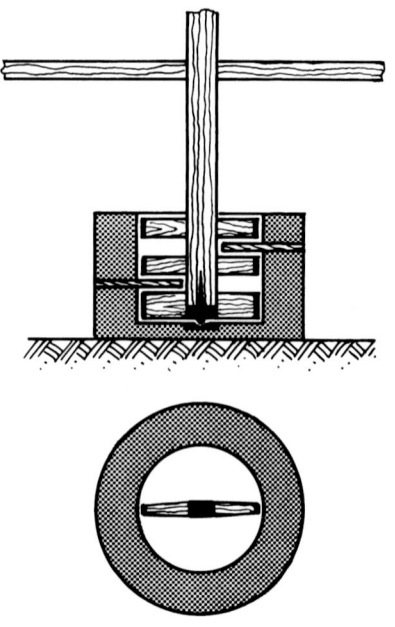

Bild 26. Teigknetmaschine, 1. Jh. n. Chr., Schnittzeichnung. Nach [3].

16

Der Bäcker. Im Haushalt mahlte man sich von Hand in einer Reibschüssel das Korn selbst. Es gab wohl auch selbständige gewerbliche Mühlenbetriebe. Solche scheinen die zwei großen Mühlenanlagen in Ostia zu sein. Im allgemeinen aber waren Müller und Bäcker eine Person. Die oft beträchtlichen Mahlanlagen sind deshalb das Kennzeichen jeder Bäckerei. So auch in Bild 22. Im Hintergrund steht der Backofen. Große Bäckereien hatten die Ausmaße von Industriebetrieben und arbeiteten mit Kolonnen von Sklaven. Ein solcher Brotfabrikant in Rom war Eurysakes, vermutlich ein reichgewordener griechischer Freigelassener. Sein protziges Grabmal bildet seinen Großbetrieb ab. Bild 23 ist ein Teil davon. Rechts eine durch Pferd angetriebene Teigknetmaschine. Dann Tische zum Formen der Brote. Links ein Backofen.

Auch die Mühlen wurden in der Regel durch Pferd oder Maultier getrieben, Bild 24. Dem Tier sind, wie noch heute in Italien, die Augen verdeckt. Eine Lampe im Hintergrund weist auf nächtlichen Backbetrieb. Die Mühle, Bild 25, bestand aus dem feststehenden kegeligen Unterstein und dem darübergestülpten glockenförmigen Oberstein. Er drehte sich. In ihn wurde oben das Korn eingeschüttet. Das unten ausfallende Mehl sammelte sich in einer Rinne. Bild 26 ist die vermutete Rekonstruktion der Teigknetmaschine.

IV. BAUWESEN

Bild 27. Erstellen einer Ziegelmauer. Bauunternehmer Trebius Justus. Wandgemälde aus einer Gruft an der Via Latina, 4. Jh. n. Chr.

Ziegelmauerwerk war seit Urzeiten gebräuchlich, Bild 27. Es hat sich bis zur Römerzeit und bis heute kaum verändert. Das Bindemittel war schon früh der aus gebranntem Weißkalk bereitete Luftmörtel. Aber Backsteine waren teuer. Deshalb führte der Römer Großbauten in dem schon von den Griechen gelegentlich benutzten „Gußmauerwerk" auf. Man füllte den Hohlraum zwischen

Bild 28. Opus reticulatum. Kapitol Terracina.

18

Bild 29. Kellergang. Anfang 4. Jh. n. Chr. Nach [4].

Bild 30. Römischer Steinbruch im Odenwald. In Betrieb bis mindestens Ende 4. Jh. n. Chr. Verf.

hölzernen Schalwänden mit einem Gemenge aus Bruchsteinen und Luftkalk. Man trifft solche Bauten in großer Zahl an. Außen wurden die Wände dick verputzt oder mit rechteckigen oder diagonal gestellten prismatischen Hausteinen, oft auch mit Ziegeln verblendet. Das nannte man opus quadratum oder opus reticulatum, Bild 28. Eingeschossene Lagen aus Ziegelplatten erhöhten die Festigkeit des Verbandes und wirkten als Ausgleichsschichten der Mauerverblendung, die in Segmenten aufgerichtet gleichzeitig eine „verlorene Schalung" bildeten (s. Bild 117).

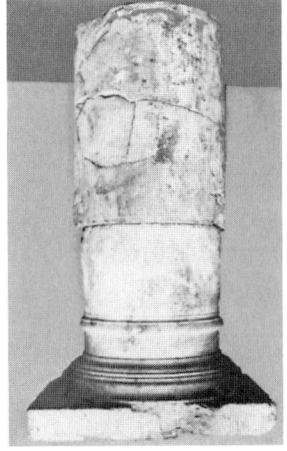

Bild 31. und 32. Gedrehte Säule. Lichtbilder des Rheinischen Landesmuseums Trier.

Der Luftmörtel hatte aber geringe Härte und war nicht wetterbeständig. Schon in der letzten Zeit der Republik verwandte man deshalb für Ingenieurbauten einen eigenartigen hydraulischen Mörtel. Er wurde aus Kalk und sog. Puzzolanerde bereitet. Puzzolan ist eine vulkanische Asche. Man fand sie in der Gegend von Neapel, in der Eifel und anderwärts. Auch gestoßenes oder gemahlenes

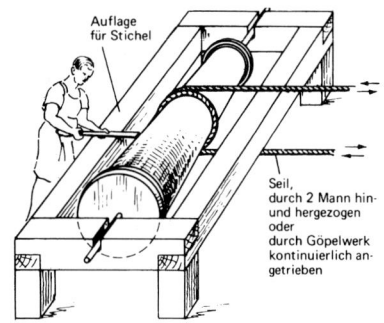

Bild 33. Rekonstruktionsversuch einer Säulendrehbank. Verf.

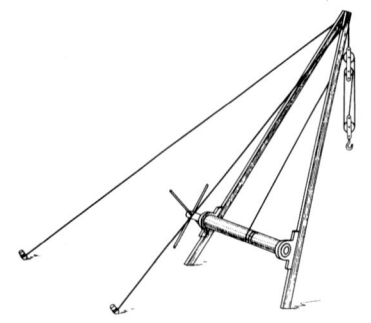

Bild 34. Haspelkran mit 3-Rollenzug.

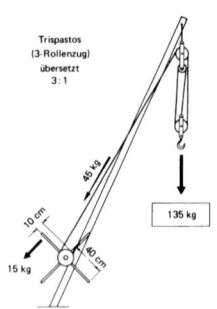

Bild 35. Kräfteplan zu Bild 34.

Bild 36. Haspelkran mit 5-Rollenzug.

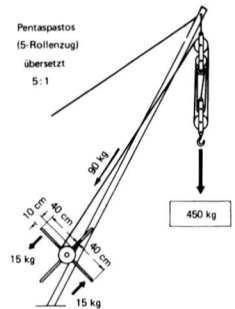

Bild 37. Kräfteplan zu Bild 36.

Bild 34 bis 41. Hebezeuge mit Kräfteplänen. Vom Verf. gezeichnet nach Vitruv: de architectura, X, 2; um Chr. Geb.

Ziegelklein verschiedener Korngröße, Ziegelmehl und Beimengung von Holzkohle haben schwach puzzolanische Eigenschaft und werden vornehmlich für die Estriche und Feinputzoberflächen von Bädern und Badebecken, aber auch als dauerhafter Bettungsmörtel von Bodenmosaiken verwendet. Dieser hydraulische Mörtel erzeugte als Bindemittel der vielfach sehr groben Bruchsteine „wundersame Dinge". Res admirandas sagt Vitruv. Er schuf einen dem modernen Beton recht ähnlichen Baustoff. Denn er hatte eine Härte von 100 kg/cm², war wasserdicht und band unter Wasser ab. Mit ihm eröffnete sich in der Kaiserzeit eine neue Ära des Bauwesens. Verblendung und Ziegeldurchschuß wurden beibehalten. Dieser Beton spielte in allen Ingenieurbauten, vor allem im Wasserbau als Stampf- und Gußbeton fast die gleiche Rolle wie heute. Man schuf damit

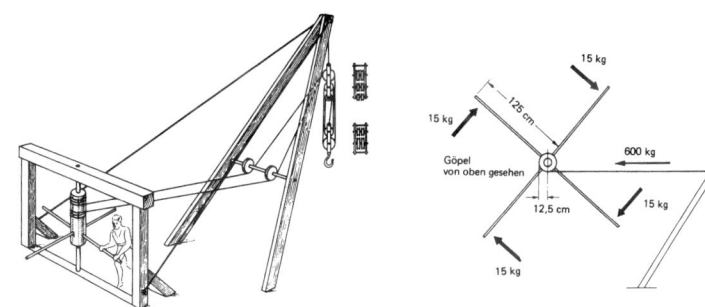

Bild 38. Kran mit Göpelantrieb und 5-Rollenzug.

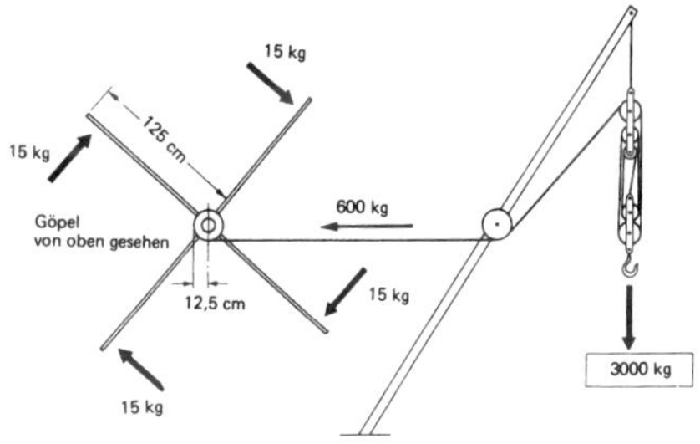

Bild 39. Kräfteplan zu Bild 38.

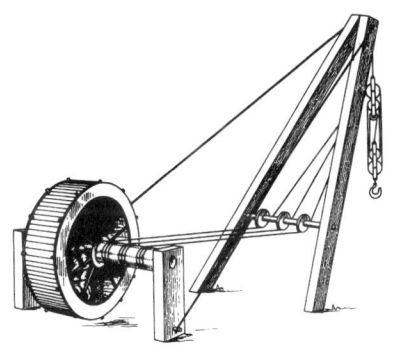

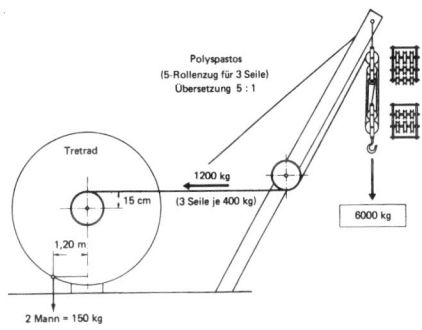

Bild 40. Hochleistungskran für Schnellbetrieb mit Tretradantrieb und 5-Rollenzug.

Bild 41. Kräfteplan zu Bild 40.

21

Bauten gewaltiger Ausmaße: Hafenmauern, Molen, Kaianlagen und Brückenpfeiler. Man verwandte ihn zur Auskleidung der Aquädukte und gemauerten Badewannen, aber auch für trockene Großbauten aller Art. Bild 29 ist ein Kellergang der Trierer Thermen. Die Abdrücke der Schalbretter sind noch deutlich zu sehen.

Säulen und Quader spielten im Großbau eine Rolle. Bild 30 zeigt, wie sie gewonnen wurden. Es ist der römische Steinbruch im Odenwald bei Darmstadt. Er lieferte u. a. die gewaltigen Granitsäulen für den Trierer Dom. Der sehr harte Stein wurde geritzt und in Abständen angebohrt. In die Bohrlöcher trieb man eiserne Keile. Der Quader wurde sauber längs der Bohrlochlinie abgesprengt. Säulen aus weicherem Stein wie Kalk- und Sandstein wurden von Hand in Rohform gebracht und dann auf der Drehbank bearbeitet. In Bild 31 sieht man die vorgedrehte Oberseite eines Säulenkapitells. Die bearbeitete Fläche diente ohne Zweifel zur Aufnahme des Werkstückes auf einer Art Planscheibe der Drehbank. Danach wurde das Säulenkapitell selber gedreht. Bild 32 zeigt ein solches Säulenkapitell. Die Feinstruktur der Drehriefen ist unter der Lupe deutlich sichtbar. Der Schaft ist bei diesem Stück nicht maschinell bearbeitet. Er sollte, wie oft, mit Stuck umkleidet oder bemalt werden.

Bild 33 zeigt die vermutete Rekonstruktion einer Säulendrehbank.

Jetzt seien Hebezeuge und Baukrane behandelt. Sie hatten die Form eines durch Seile abgespannten Auslegers mit einem Flaschenzug. Für die Konstruktion gab es zwei Grenzwerte; einmal die Seilfestigkeit — sie wird auf 400 kp geschätzt — zum anderen die von einem Mann erreichbare Handkraft von 15 kp, die bei dem üblichen Hebelarm von 40 cm eine Hubkraft von 135 kp ergibt an einem dreirolligen Flaschenzug. Solch ein Kran hieß 3-Roller oder Trispastos, Bild 34 und 35. Mit einem 5-Rollen-Zug hoben zwei Mann am Haspel 450 kp, Bild 36 und 37. Dieser Kran hieß Pentaspastos. Das Seil wurde mit 90 kp beansprucht, reichte also aus.

Für größere Lasten reichte es nicht mehr. Man mußte mehrere Seile und Doppel- oder Dreifachflaschen nehmen. Die Krane hießen dann Vielroller oder Polyspastos. Dafür genügte auch der einfache Haspel nicht mehr. Man mußte mit Vorgelege arbeiten. Das konnte ein Göpel, Bild 38, sein. Damit kamen vier Mann auf 3000 kg, Bild 39. Das größte Drehmoment erzielte das Tretradvorgelege, Bild 40, 41 und 42. Der Kran war ein 5-Roller mit drei Seilen. Er hob bis zu 6 t. Das Tretrad arbeitete auch am schnellsten. Der Tretradkran ist deshalb die Hochleistungsmaschine. Man verwendete ihn auf Großbaustellen und als stationären Werkstattkran. Ein solcher Kran arbeitet in der Säulenfabrik des Kapuaner Unternehmers Lucceius Peculiaris, Bild 43.

Er hält dort eine Säule in Arbeitsstellung. Unten werkt an ihr der Steinmetz. Das Tretrad hatte den Nachteil, daß es bei gehobener Last in Haltestellung zum Schaukeln neigte. Es mußte durch Gegenzug an Bremsseilen festgehalten werden. Das ist in Bild 42 zu sehen. Ein prismenförmiger Steinblock von schätzungsweise 2 t ist hochgezogen. Er schwebt, technisch mißverstanden, über dem Flaschenzug. Der Block soll auf den Hochbau geschafft werden. Zwei Männer binden ihn los. Unten halten derweilen zwei Bremser das Tretrad.

Bild 42. Modell eines Vitrusvschen Tretradkranes. Nach Angaben des Herrn Dipl.-Ing. Toussaint hergestellt von der Demag, Duisburg, Besitz der Demag.

Bild 43. Werkstattkran in der Säulenfabrik des Lucceius Peculiaris, Relief im Theater zu Kapua.

V. INDUSTRIE

Mancherlei Gewerbe wurden durch Masseneinsatz von Sklaven als groß-
industrielle Unternehmungen betrieben. Die Unternehmer waren reiche
Freigelassene, vielfach Angehörige des Ritterstandes, und selbst die Kaiser
verquickten zuweilen Staats- und Privatgeschäfte. Industrielle Prägung zeigen insbesondere diejenigen Gewerbe, deren Fertigungsverfahren ohnehin
zur Massenherstellung bestimmt sind. Obenan steht die abformende
Töpferei. Bild 44 zeigt eine der vielen zu Geschenk- und Weihgaben
bestimmten tönernen Bildscheiben. Rechts die Töpferform, links das
Erzeugnis. Schwierig waren runde Gefäße mit erhabenen Verzierungen, also
„hinterschnittene" Formen. Man formte zuerst den glatten Körper und setz-

te dann die Verzierungen
mittels einer Art Stempel
auf. In Bild 44 sieht man
unten in der Mitte einen solchen Hohlstempel, darunter
das Positiv, einen Hund. Die
Stücke rechts und links sind
Hohlstempel für rosettenar-
tige Verzierungen. Dann erst
wurde das Stück gebrannt.

Die einfachen kleinen
Tonlämpchen für den
Bedarf des kleinen Mannes
wurden in Massenfertigung
zu Tausenden hergestellt

Bild 44. Tönerne Bildscheibe in Hohlform. 22,5 cm
Dmr. Vermutlich aus der Fabrik des Pacatus bei
Obuda (Budapest), 160 n. Chr. [1].

und sind zu Tausenden
gefunden. Auch Funde ihrer
Formen sind häufig. Die
schönste und wertvollste
Keramik war die Terra sigillata. Die Sigillata war im
Altertum, was für uns
Meißener oder Rosenthaler
Porzellan ist. Sie besaß eine
herrlich warmleuchtende
bräunlich-rote Farbe und
matt-seidig glänzende

Bild 45. Modell mit Schnittmodell eines kleinen
Muffelofens. Rheinisches Landesmuseum Trier.

Oberfläche. Der Seidenglanz wurde nicht durch Glasur, sondern durch besondere Kunstfertigkeit in der Aufbereitung und Schlämmung des Tones erzeugt. Die Sigillaten waren meist mit feinsten Mustern, oft mit hochkünstlerischen figürlichen Darstellungen verziert. Die Kunst der Sigillatenherstellung war bis vor kurzem ein Geheimnis. Kleine wertvolle Stücke wurden in Muffeln nach Art des Bildes 45 gebrannt. Unten flammte das Feuer. Das Brenngut stand auf einem durchlöcherten Zwischenboden. Dieser schützte es vor anklebender Flugasche. Die Abgase zogen durch ein Loch in der Kuppel ab. Nach dem Brand wurde die aus „Wölbtöpfen" und Lehmverstrich aufgebaute Kuppel z. T. abgebro-

Bild 46. Töpferbrennofen bei Speicher a. d. Mosel; vielleicht 2. oder 3. Jh. n. Chr. Grabungsaufnahme des Rheinischen Landesmuseums Trier.

chen. Größeren Teilen und Stückzahlen diente der Brennofen nach Bild 46. Vorn der vertiefte Bedienungsraum mit dem Schürloch; hinten der zweiteilige eigentliche Feuerungsraum. Der Zwischenboden und das Gewölbe des Brennraumes mit zusätzlicher indirekter Wandheizung sind zerstört.

Das Zentrum der keramischen Sigillata-Industrie war schon in republikanischer Zeit Arezzo in Italien. Aretinische Ware wurde in alle Teile der antiken Welt exportiert. Die Sigillataproduktion wurde später durch wandernde Töpfer bei entsprechenden Tonvorkommen in Südgallien, Ostgallien und der Rheinzone aufgenommen (Trier, Sinzig, Blickweiler, Rheinzabern, Argonnen). Jedes Stück bekam in der Formschüssel (bei Reliefgefäßen) oder mit dem Handstempel die Fabrik- und Firmenmarke automatisch eingeprägt als Qualitätsnachweis und bequemer „Werbeträger". Die Namen- und Stempelkunde der Terra Sigillata und anderer Keramikprodukte (Terrakotten) ist ein wichtiges methodisches Hilfsmittel der Altertumskunde.

Bild 47. Diatretglas. Höhe 12,1 cm; 4. Jh. n. Chr. Fundort Köln-Braunsfeld. Römisch-Germanisches Museum Köln.

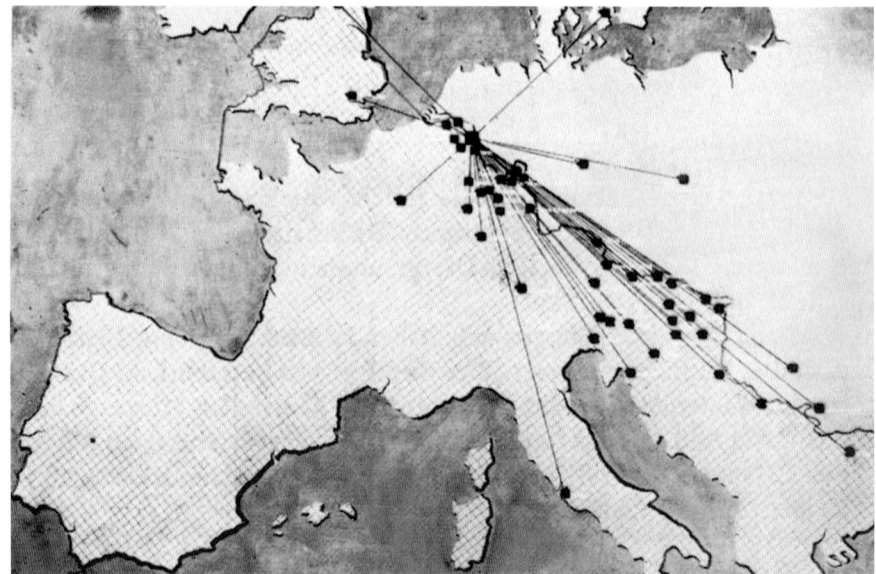

Bild 48. Europakarte, die den Export des Kölner Glases aufzeigt. Römisch-Germanisches Museum Köln.

Sie liefert Grundlagen zur Datierung, der typologischen Entwicklung der Gefäßproduktion der einzelnen Ateliers und des Exports und der Beliebtheit bestimmter Produkte und deren Verbreitung.

Zu den Massenerzeugnissen gehört das geblasene Hohlglas für Flaschen, Phiolen, Parfümflakons u.a. Eine der namhaftesten Industrien dieser Erzeugnisse entwickelte sich schon bald nach der römischen Besetzung im 1. Jh. n. Chr. in Köln. Doch fertigten die Kölner Fabriken nicht nur billige Massenware, sondern auch Kunstgläser von einer bis heute kaum wieder erreichten Vollendung. Ein Beispiel zeigt Bild 47, das Netzglas oder Diatretum. Gitter, Kragen und Schrift sind dabei aus einem Glasblock herausgeschliffen. Man hat an verschiedenen Orten im ganzen sieben oder acht Diatreten gefunden. Ihre Kölner Herkunft wird als sicher angenommen.

Köln erblühte unter den Römern rasch zu hohem Wohlstand. Er beruhte sicher nicht zum geringsten auf seiner Glasindustrie. Bild 48 zeigt eine Karte des damaligen Kölner Glasexportes.

VI. HAUSTECHNIK

Bild 49 zeigt ein Mietshaus in Ostia. Solche Mietkasernen hatten in den Großstädten bis zu sechs Stockwerke. Die sozialen und sanitären Zustände waren mehr als dürftig. Die gesundheitstechnische Ausrüstung war gleich null.

Hier sei von den Einzelhäusern wohlhabender Besitzer gesprochen. Vielfach sind es ländliche Anwesen. Der Komfort war beträchtlich. Dazu gehörte die Wasserleitung. Man hatte an den Zapfstellen Absperrhähne, Bild 50. Wie Bild 51 zeigt, wirkliche „Hähne". Im gartenartigen Binnenhof des Hauses (Peristyl) ließ man das Wasser der Schmuckanlagen jedoch meist ständig fließen.

Im kalten Klima nördlich der Alpen waren immer ein oder mehrere Wohnräume mir einer Art Zentralheizung ausgestattet. Das war eine Fußbodenheizung, Bild 52. Das Feuer brannte in einer Vorkammer, dem Praefurnium, Bild 53. Es wurde durch einen Sklaven von außen geschürt. Die Familie spürte weder etwas von Rauch und Geruch noch von Schmutz und

Bild 49. Mietshaus in Ostia. Rekonstruktion von J. Gismondi, aus [5].

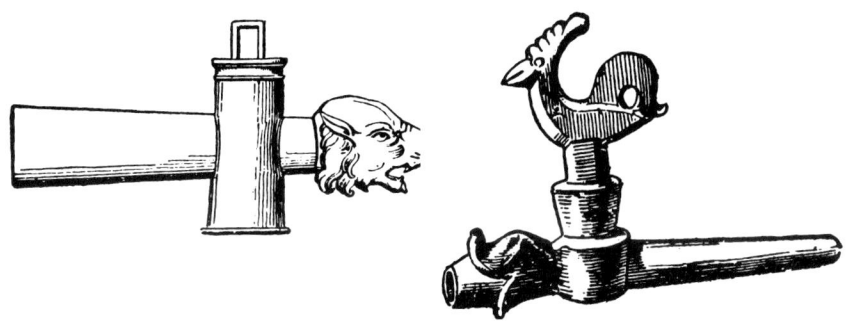

Bild 50 und 51. Zapfhähne. Nach [6].

Asche. Die heißen Abgase zogen unter dem hohlliegenden Fußboden, dem Hypokaustum, entlang und wurden durch die Schornsteine abgeführt. Nie hatte man wie heute nur einen Schornstein. Es waren mindestens vier, meist in den vier Ecken des Zimmers. In Bild 54 sieht man den unteren Ansatz, öfter waren es auch fünf oder sechs wie in Bild 52. Die innenliegenden Schornsteine wirkten wesentlich als Heizkörper. Sie führten nicht übers Dach, sondern endeten, die Hauswand durchbrechend, waagerecht unter der

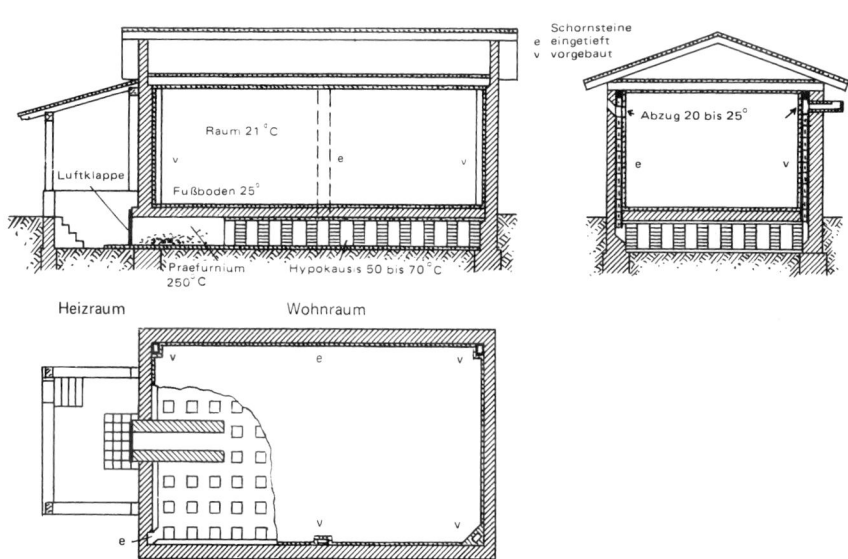

Bild 52. Schema einer gallisch-germanischen Wohnraumheizung; ab 150 n. Chr. Verf.

Bild 53. Schüröffnung (Praefurnium) einer hypokaustischen Heizung auf der Saalburg; 2 Jh. n. Chr. Verf.

Dachtraufe. Eigenartig war die Feuerführung. Zur Innehaltung niedriger Feuertemperaturen fuhr man mit sehr hohem Luftüberschuß. Der CO_2-Gehalt im Abgas überstieg nie 2 bis 2 1/2 %. Das Feuer brannte nicht auf einem Rost, sondern lag flach auf dem Ziegelboden des Praefurniums. Es war ein reines Oberluftfeuer. Ein solches hat minimalen

Bild 54. Eckschornstein in der Wohnstube des Gutshofes in Weitersbach. Verf.

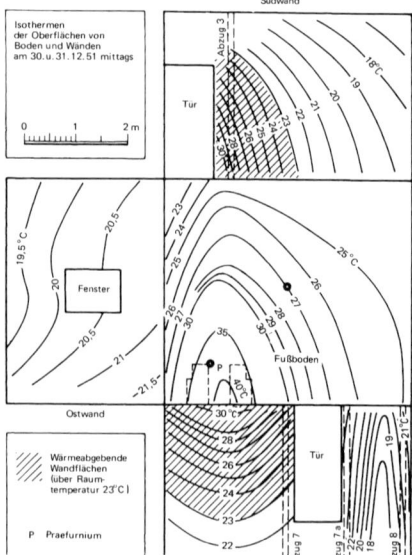

Bild 55. Fußboden- und Wandtemperaturen von dem Betriebsversuch an einer Hypokaustenheizung im Winter 1950/51 auf der Saalburg. Verf.

Zugbedarf. Bei einem angestellten Betriebsversuch wurde ein Zug von weniger als 1/10 mm WS ($\approx$ 1 Pa) festgestellt. Daher auch die niedrige Schornsteinhöhe. Bild 55 enthält die bei diesem zehntägigen Versuch gemes-

30

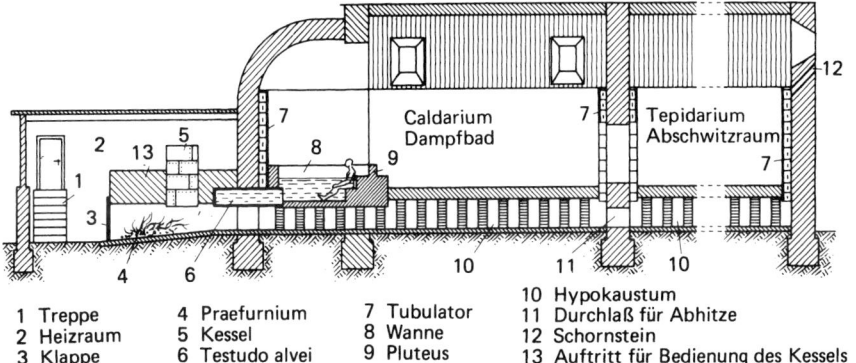

1 Treppe	4 Praefurnium	7 Tubulator
2 Heizraum	5 Kessel	8 Wanne
3 Klappe	6 Testudo alvei	9 Pluteus

10 Hypokaustum
11 Durchlaß für Abhitze
12 Schornstein
13 Auftritt für Bedienung des Kessels

Bild 56. Schema eines römischen Privatbades der sog. III. Technikepoche ab 1. Jh. n. Chr. Verf.

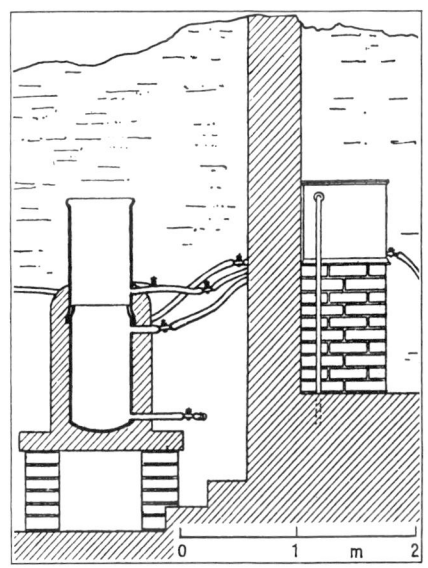

Bild 57. Kalt- und Warmwasserkessel, Rohre und Mischhähne aus einem Privatbad der Villa Bosco reale. Vermutl. aus republikanischer Zeit. Nach [7].

senen Temperaturen des Fußbodens und der Wände. Fensterverglasung ist natürlich selbstverständlich. Die so betriebene Heizung erwies sich bei dem Versuch als wunderbar angenehm. Als reine Strahlungsheizung war sie frei von Zugerscheinungen, auch wenn die ins winterlich Freie führende Außentür geöffnet wurde. So wurde auch der reichlich vorhandene Staub nicht aufgerührt. Die Luft blieb angenehm wie angewärmte Frischluft. Die Gleichmäßigkeit der Wärme ist bemerkenswert. Der Temperaturschreiber zeichnete tagelang eine wie mit dem Lineal gezogene Linie. Die Bedienung war bequem. Das Feuer wurde dreimal täglich mit Holzkohle beschickt und brannte so bei geschlossener Luftklappe Tag und Nacht durch, ohne zu erlöschen. Im Altertum verfeuerte man Holz, doch ist auch die vermeilerte Kohle (Holzkohle, bes. für Kohlebecken), vereinzelt Steinkohle als Brennmaterial in römerzeitlichen Feuerungen beobachtet worden. Der Wohnraumheizung nahe verwandt ist die Badeheizung. Die Hauptsache war das Dampfbad

31

Bild 58. Tubulus aus der Militärziegelei der 22. Legion in Mainz; 2. Jh. n. Chr. Saalburgmuseum.

(Caldarium), Bild 56, mit etwa 55 °C und fast 100 % Luftfeuchtigkeit. Dementsprechend waren auch die Feuertemperaturen, erzeugt durch geringeren Luftüberschuß mit stärkerem CO_2-Gehalt, höher als bei der Wohnungsheizung. Sie erforderten durchweg die Verwendung eines feuerfesten Baustoffes. Das war der hartgebrannte Ziegel. Das Wasser in der Wanne wurde vom Fußboden her und in einem auf das Praefurnium aufgesetzten Durchlauferhitzer (5 in Bild 56) erwärmt.

Bild 59. Wandtubulatur aus einem Privatbad in Weinsberg (Württemberg). Verf.

Bild 60. Kleinbadewanne auf dem Magdalensberg in Kärnten; Ende 1. Jh. n. Chr. Verf.

Bild 57 ist eine solche wohlerhaltene Anlage in Bosco reale. Rechts erhöht auf einem Mauersockel der bleierne Kaltwasserkasten mit Überlauf. Von ihm floß das Wasser ständig in den auf dem Praefurnium stehenden Kessel. Hinter der Rückwand, im Bilde unsichtbar, das Badezimmer mit Wanne. In diese strömte das Heißwasser. Durch die drei Leitungen mit Hähnen konnte Kaltwasser zugemischt, unmittelbar in die Wanne gegeben und sein Zufluß zum Durchlauferhitzer geregelt werden.

Die Badetemperatur war hoch. Sie lag bei 40 °C. Natürlich waren die Fenster verglast. Das Wesentliche zur Erzielung der hohen Erwärmung aber war die „Tubulierung". Das ist eine eigenartige Wärmedämmung von kaum wieder erreichter Vollkommenheit. Die Wände waren innen mit viereckigen Tonrohren verkleidet, den tubuli. Bild 58 zeigt einen solchen tubulus. Alle Stränge der übereinandergesetzten Tubuli öffneten sich unten zum Hypokaustum hin, wurden aber nicht vom Heizgas durchströmt. Das ergab eine Wärmedämmung, die die Wandtemperatur über dem Taupunkt hielt. Bild 55, aufgenommen in einem tubulierten Raum, weist das nach. Die Wände schwitzten nicht. Die Dampfbadatmosphäre blieb klar. Bild 59 zeigt den unteren Ansatz einer Tubulierung. In Bild 60 sieht man, wie sie auch um die Wanne herumläuft.

Vom Dampfbad ging man in den Abschwitzraum, dem Tepidarium. Er führte mildwarme, trockene Luft, vielleicht 25 °C und 20 bis 40 % Luftfeuchte.

Bild 61. Abort eines Wohnhauses. Römisch-Germanisches Zentralmuseum Mainz. Photo Klumbach.

Bild 62. Abort vermutlich eines Privathauses in Weinsberg (Württemberg); ungefähr 2. Jh. n. Chr. Verf.

Interessant ist seine Beheizung. Die noch etwa 80 °C heißen Abgase des Dampfbades wurden unter den Fußboden des Tepidariums geleitet und dort nochmals bis auf etwa 40 °C abgearbeitet. Wir haben eine höchst modern anmutende Abwärmeverwertung vor uns. Dem Abschwitzraum war dann oft noch ein Kaltbad angeschlossen. Solch ein mehrräumiges Schwitzbad findet sich, teils mehr, teils weniger vollkommen ausgebaut, fast in allen komfortablen Privathäusern. Oft hatte man statt des Dampfbades ein Heißluftbad von ebenfalls 55 °C. Der Verbrauch an ständig fließendem Wasser solcher Häuser war so groß, daß die Einrichtung von wassergespülten Aborten keine Schwierigkeit machte. Der Abwasserkanal des Hauses wurde unter den Sitzen des WC hindurchgeleitet. Infolge des zahlreichen Sklavenpersonals hatten auch Einzelhäuser viele Bewohner. Deshalb ist der Abort meistens mehrsitzig. Offenbar auch gemeinsam für Herren und Damen. Man war in diesen Dingen unbefangen. In Bild 61 sind die Sitze aus Marmor. In Bild 62 waren sie aus Holz. Man sieht dort den offenliegenden Spülkanal.

VII. BELEUCHTUNG

Von allen Gebieten der Technik war das Beleuchtungswesen am weitesten zurückgeblieben. Es gab die Pechfackel, die Talgkerze und die Öllampe.

Die Pechfackel war sturmsicher und wurde wie heute im Freien verwendet. Die Kerze war ein mit Wachs oder Talg getränktes und zur Kerzenform zusammengerolltes Gewebe. Sie hieß candela, war 3 bis 5 cm dick und wurde wie noch heute die Kirchenkerzen auf einen Stachel des Kerzenhalters, Kandelaber, gesteckt. Die candela gab wohl ein befriedigend helles Licht, war aber unpraktisch, weil sie schnell abbrannte. Trotzdem muß sie im Norden verbreiteter gewesen sein, als wir uns meist vorstellen, weil der rivalisierende Rohstoff, das Olivenöl, aus südlichen Ländern eingeführt werden mußte.

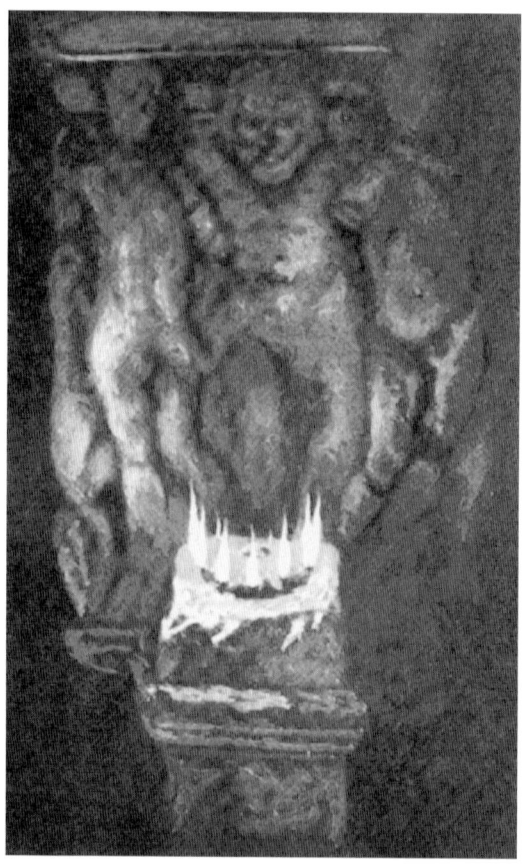

Bild 63. Leuchtkraft von Öllampen. Nach [8].

Dennoch war die Öllampe im Süden unbedingt, im Norden kaum zu bezweifeln, der Leuchtkörper schlechthin. Die Tonlampe einfachster Form ist ein Pfennigartikel. Die Funde sind ungezählt. Allein in den Forumsthermen in Pompeji wurden 1000 ergraben. Die primitive Öllampe war ein oben geschlossenes Näpfchen mit seitlicher offener Schnauze für den Docht. Der Deckel des Napfes hatte ein Loch zum Nachgießen des Öles. Im Übergang zwischen Napf und Schnauze war ein kleines Luftloch, um die Kapillardepression im Docht herabzusetzen; verständlich gesagt, um dem Docht das Nachsaugen zu erleichtern. Die Herstellung war sehr einfach. Napf und Deckel wurden für sich geformt, dann zusammenge-

Bild 64. Leuchtturm Pharos (Ägypten). Rekonstruktion von A. Thiersch. [5, insbes. Bd. 2].

fügt und als Ganzes gebrannt. Diese Lampe war industrielles Massenerzeugnis. Viel verkauft war im römischen Rheinland die Fabrikware der Firmen Fortis und Viator. Außerdem gab es die kunstvollsten Gestaltungen aus Ton und Bronze mit mehreren und vielen Schnauzen.

Die Vermehrung der Brennstellen war das einzige Mittel zur Erhöhung der Leuchtkraft. Man machte durch gleichzeitige Verwendung zahlreicher Lampen davon ausgiebigen Gebrauch. In Bild 63 gibt ein Leuchtversuch eine Vorstellung von der Lichtstärke einer vielschnauzigen Lampe. Man sieht auch, daß das Öl nicht qualmt. Der Vorteil der Öllampe lag darin, daß sie unbegrenzt lange brannte; natürlich nur, wenn man rechtzeitig Öl nachgoß. Das konnte gefahrlos bei brennender Flamme geschehen.

Das großartigste Leuchtwerk waren die vor allen Häfen vorhandenen Leuchttürme, ihr berühmtester Bau der Leuchtturm Pharos in Ägypten, Bild 64. In seinem Laternenaufbau brannte das Feuer vor einer Art Hohlspiegel. Nach Flavius Josephus war sein Licht den Schiffen auf 57 km Entfernung

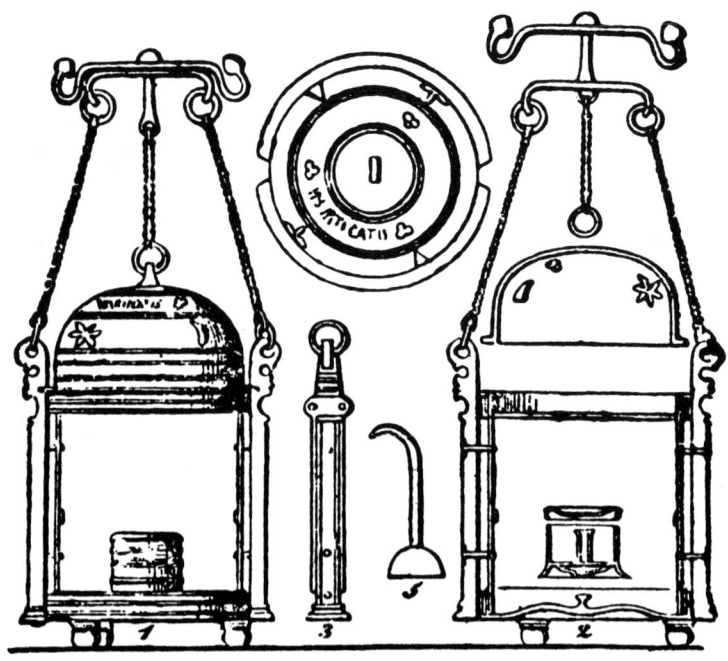

Bild 65. Sturmlaterne aus Pompeji. Nach [9].

sichtbar. Der Pharos gehörte zu den Sieben Weltwundern des Altertums. Er war bis zur Sarazenenzeit in Betrieb. Erst im 14. Jh. stürzte er ein.

Bild 65 zeigt eine Stall- und Sturmlaterne mit Kerze. Die Kerze brennt in einem Hornzylinder. Zur Erhöhung der Leuchtkraft zog man ihn hoch; bei Luftzug senkte man ihn. In der Mitte sieht man ein Hütchen mit Haken zum Löschen und Schneuzen der Kerze. Mit solchen versuchten mehrere Familien am 21. August 79 im Nachtdunkel und Orkan des Vesuvausbruches aus Pompeji zu entfliehen. Es gelang ihnen nicht. Man fand die Skelette, in der Hand die seit fast 1900 Jahren erloschenen, aber unversehrten Sturmlaternen.

VIII. GUTSHÖFE

Bild 66 zeigt ein zeitgenössisches Fresko einer römischen Luxusvilla in Kampanien. Die Seitenflügel sind zweistöckig und springen vor. Man nennt das heute Risaliten. Der Langbau zwischen ihnen war eine Säulenveranda und enthielt den Eingang. Die Wirtschaftsräume lagen verdeckt dahinter. Nach diesem Schema baute man im ganzen Imperium. Bild 67 zeigt das Beispiel eines Landhauses aus Nordafrika. Die Veranda befindet sich hier im 1. Stock. Das Interessante ist nun, daß dieses Einheitsschema auch der Großbauer und Grundbesitzer an Rhein und Mosel nachahmte, der ja kein Italiker, sondern Kelte oder Germane, unser Vorfahr, war. Das Haus hatte den römischen technischen Komfort. Dazu auch immer eine hypokaustisch geheizte gute Stube. Es ist die Wohnraumheizung, die schon beschrieben wurde. Sie kommt nur im Norden vor, hat zwar in der römischen Bäderheizung ihr Vorbild gehabt, ist in deren Abwandlung aber eine eigenständige wärmetechnische Konstruktion der einheimischen gallischen oder germanischen Zivilingenieure. Daher auch die Vielfalt ihrer technischen Varianten.

Bild 68 zeigt einen Gutshof bei Bollendorf in der Eifel. Deutlich sind die zweistöckigen Eckrisaliten mit dazwischenliegender Veranda und Eingang. Im Grundriß, Bild 69, ist H die große Wirtschaftshalle mit dem Herd Hd für alle bäuerlichen Hausarbeiten: Kochen, Viehfutterbereitung, Milch- und Käseaufbereitung, Kleintierhaltung u.dgl.; 13 ist die vom Praefurnium P aus hypokaustisch geheizte gute Stube. Dampfbad (Caldarium) C, Tepidarium T, Kaltbad (Frigidarium) F und Umkleideraum (Apodyterium) A sind der Badebau. Der Abort Ab ist mit Wasserspülung. Die hauseigene Wasserleitung kam vom nordöstlich aufsteigenden Berghang.

Bild 66. Kampanische Prunkvilla. Wandgemälde aus Pompeji. Neapel, Nationalmuseum.

Mosaik von Tabarka

Bild 67. Nordafrikanischer Gutshof im römischen Stil. Mosaik aus Tabarka (Nordafrika).

Bild 68. Gutshof bei Bollendorf (Eifel). Rekonstruktion von D. Krencker, Veröffentlichung des Rheinischen Landesmuseums Trier.

Der Schuppen R ist für das Ackergerät. In diesem Zusammenhang ist Bild 70 zu sehen. Es zeigt eine gallo-römische Mähmaschine, wie sie Plinius d.Ä. erwähnt. Auf eine zweirädrige Wagenachse ist ein breiter muldenförmiger Kasten montiert, dessen unterer Rand ausgreift und eine kammartige Zahnung bildet. Von der Achse oder von dem Kasten führt eine doppelte Deichsel nach hinten, die überlang ist und in ein Querholz endet. Das Zugtier ist nun so zwischen die Deichsel geschirrt, daß es ziehend die Mähmaschine

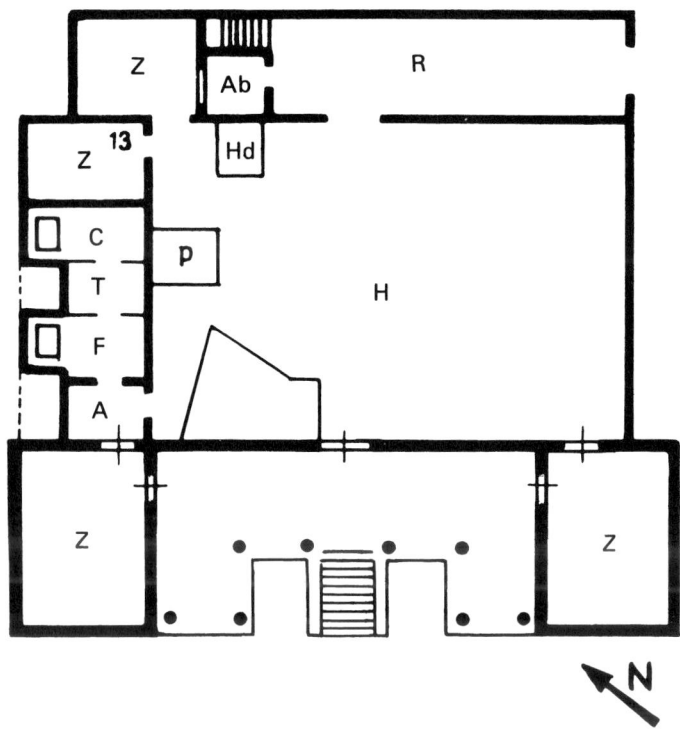

Bild 69. Grundriß zum Gutshof Bollendorf. Veröffentlichung des Rheinischen Landsmuseums Trier.

H	bäuerliche Wirtschaftshalle mit Herd Hd und Praefurnium P zu Z der hypokaustisch beheizten Räume	F	Kaltbad (Frigidarium)
		A	Ankleideraum (Apodyterium)
		R	Schuppen für bäuerliche Geräte oder Vorräte
C	Dampfbad (Caldarium)		
T	Abschwitzraum (Tepidarium) mit Abhitze von C beheizt.	Ab	Abort mit Wasserspülung

vor sich herschiebt. Ein Mann schreitet hinter dem Tier, der durch Anheben oder Senken der Deichsel die Höhe des Schneidbrettes bestimmt und gleichzeitig das Gerät führt.

Noch eine Darstellung eines Gutshofes zeigt Bild 71, gleichfalls in der Eifel, genannt Weilerbüsch, nicht weit von Bitburg. Wieder ist rechts die Front mit den zweistöckigen Risaliten zu erkennen. Dazwischen liegt die Veranda. Das

41

Bild 70. Gallo-römische Mähmaschine. Rekonstruktion L. Dahm. Rheinisches Landesmuseum Trier.

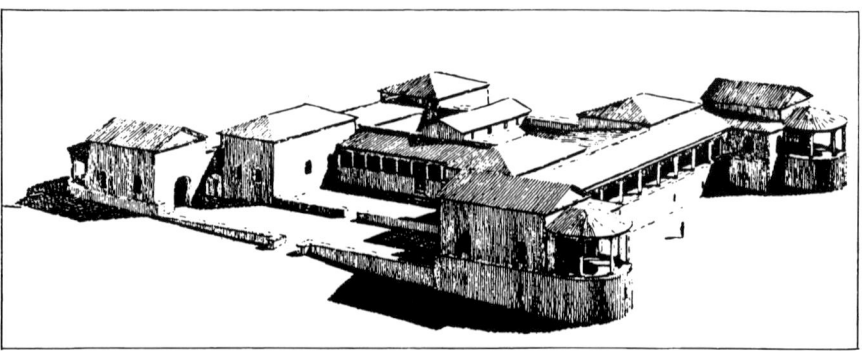

Bild 71. Gutshof Weilerbüsch bei Bitburg (Eifel). Rekonstruktion. Veröffentlichung des Rheinischen Landesmuseums Trier.

ganze Haus ist für zwei Familien, vielleicht für den Alt- und Jungbauern. Jede Familie hat ihre hypokaustisch beheizte gute Stube, die eine hinten rechts, die andere ganz hinten im Bilde. Die Böden sind mit römischen Mosaiken geschmückt. Den selbständigen Badebau benutzten beide Familien gemeinsam. Im Bilde sieht man ihn ganz links. Seine wärmetechnische Gestaltung wandelt das römische Schema ab. Man erkennt daran die Konstruktion eines einheimischen Ingenieurbüros. Nach hinten steigt der Berg auf. Von dort kam auch die gutseigene Wasserleitung. Dort lag auch das WC. Bild 72 läßt sich jetzt leicht deuten. Es ist ein Gutshof bei Weitersbach im Hunsrück. Als der Verfasser die Grabung besuchte, war erst der südliche Risalit freigelegt. Man erkennt die Veranda und bäuerliche Wirtschaftsdiele, die hypokaustisch beheizte Wohnstube, den schemagerechten Badebau mit Dampfbad,

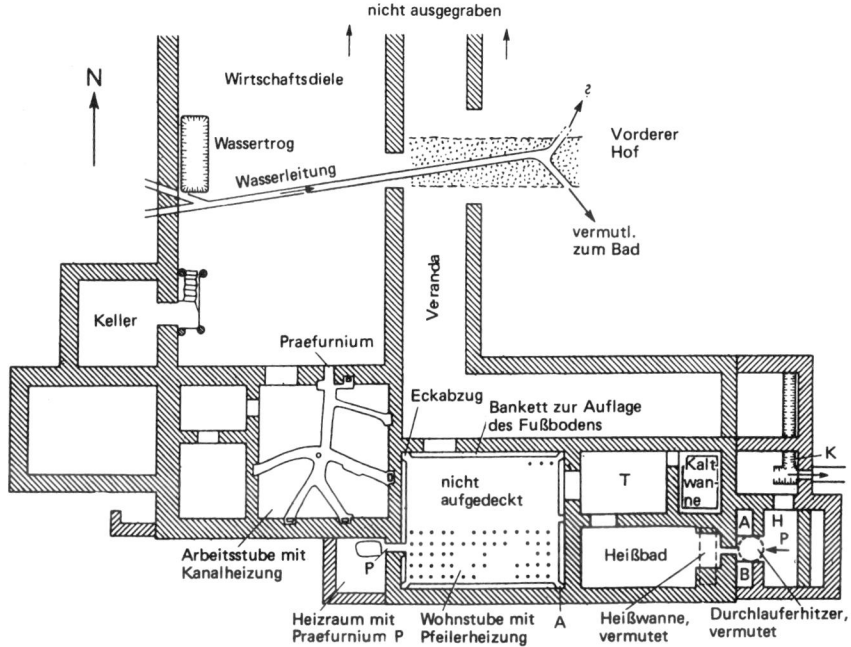

Bild 72. Gutshof bei Weitersbach (Hunsrück).

Abschwitzraum T ohne Praefurnium, also mit Abhitzeverwertung, und das Kaltbad. Bemerkenswert ist die Arbeitsstube für Sitzarbeiten des Gesindes, etwa Spinnen und Weben. Die Stube hat eine primitive sog. Kanalheizung. Das Gesinde mußte sie selber stechen. Deshalb befindet sich ihr Praefurnium in der Wirtschaftsdiele. Bild 73 zeigt das Hypokaustum der guten Stube während der Grabung. Vorn das Praefurnium. Der in Bild 72 mit A angemerkte Eck-

Bild 73. Wohnraumheizung, 1 Jh. n. Chr.

43

schornstein wurde schon in Bild 54 gezeigt. Das sicherlich vorhandene WC war damals noch nicht gefunden. Eine ländliche Szene zeigt Bild 74. Es ist ein Fresko aus Trier mit der Darstellung einer einfachen villa rustica. In wenigen Strichen hat der Maler die Hauptmerkmale dieses weit verbreiteten Bautyps festgehalten. Die Hausfassade besteht aus einer Eingangshalle oder Veranda, deren Dach von toskanischen Säulen getragen wird (Portikushalle), die von turmartig überhöhten Eckbauten flankiert wird, die risalitartig vor die Säulenflucht vorspringen. Die Anordnung der Fenster läßt die Mehrgeschossigkeit deutlich erkennen. Der nach Hause zurückkehrende Hausherr trägt ein anliegendes Beinkleid (Hose mit Wickelgamaschen) und den Cucullus, ein geschlossenes, mantelartiges Gewand mit angearbeiteter Kapuze (Wetterfleck).

Bild 74. Trierer Gutshof. Wandgemälde aus Trier. Rheinisches Landesmuseum Trier.

IX. WASSERVERSORGUNG

Der Römer war sich der sanitären Bedeutung einer ausreichenden kommunalen Wasserversorgung voll bewußt. Ihre Verwaltung lag deswegen in den Händen der höchsten städtischen Behörden in Rom, in denen der kaiserlichen Regierung selber. Der Direktor, curator aquarum, gehörte zu deren Spitzen. Zur Zeit Kaiser Augustus war es kein geringerer als M. Vipsanius Agrippa; unter Trajan um 100 n. Chr. der dreimalige Konsul, General und Ingenieur Sextus Julius Frontinus. Er hat zahlreiche Messungen über Durchfluß und Wirkungsgrad angestellt und auch ein Buch über Wasserleitungen und Rohrnetzberechnung hinterlassen. Dem Direktor unterstand ein Stab von technischen und kaufmännischen Aufsichts- und Verwaltungsbeamten. Außerdem eine Kolonne von behördlichen Monteuren, den aquarii. Dazu kamen Installationsfirmen selbständiger Unternehmer, die durch Privatdienstvertrag der Behörde lose verpflichtet waren. Man legte nicht nur auf ausreichende Menge, sondern auch auf die Güte des Wassers Wert und unterschied mehrfach deutlich zwischen Trink- und Nutzwasser. Von den 14 großen Versorgungsanlagen Roms um das Jahr 100 n. Chr. führte die Hochleistungsanlage, der Anio novus, Gebrauchswasser. Zwei kleinere, die Aqua Marcia und Aqua Virgo, waren berühmt wegen der Güte ihres Trinkwassers. In Arles gab es außer der Stadtversorgung eine Industriewasserleitung zum Betrieb von Mühlen und einer Färberei in Barbegal. Schon im 1. Jh. n. Chr. wurde die Kölner Anlage bei Hürth und Stotzheim, Bild 75, unter gewaltigem Aufwand durch die Überlandleitung aus der Eifel ersetzt. Nicht nur, weil sie mengenmäßig nicht ausreichte, sondern auch, weil sie gütemäßig gegenüber dem hervorragenden Eifeler Bergquellwasser nicht befriedigte. In Bild 76 sieht man unten die alte Hürther, darübergesetzt die moderne Eifelwasserleitung.

Technik und Organisation des Wasserwesens waren völlig anders als heute. Die Überlandleitung war fast ausnahmslos eine drucklose Gefälleleitung. Sie führte in einem Gerinne das Wasser von der mit Klär- und Absetzanlage versehenen Quellfassung bis zu einem hochliegenden Punkte an oder in der Stadt. Dieses Gerinne ist der Aquädukt. Wie gesagt, man dükerte nicht. Wo Tiefgelände zu überschreiten war, führte man das Gerinne auf Brücken. Eine der künstlerisch herrlichsten Wasserbrücken ist der berühmte Pont du Gard, die Gard-Brücke der Stadt Nîmes, Bild 77 und 78. Auf der ganzen übrigen Strecke lief das Wasser in unterirdischen Kanälen. So blieb es im Sommer frisch und kühl, im Winter war es frostgeschützt. In Bild 75 sind nur die gestrichelten Teile überirdisch auf Bogenbrücken geführt. Bild 79 zeigt einen Teil des unterirdischen Aquäduktes. Diese Kanäle sind meist hoch und durch

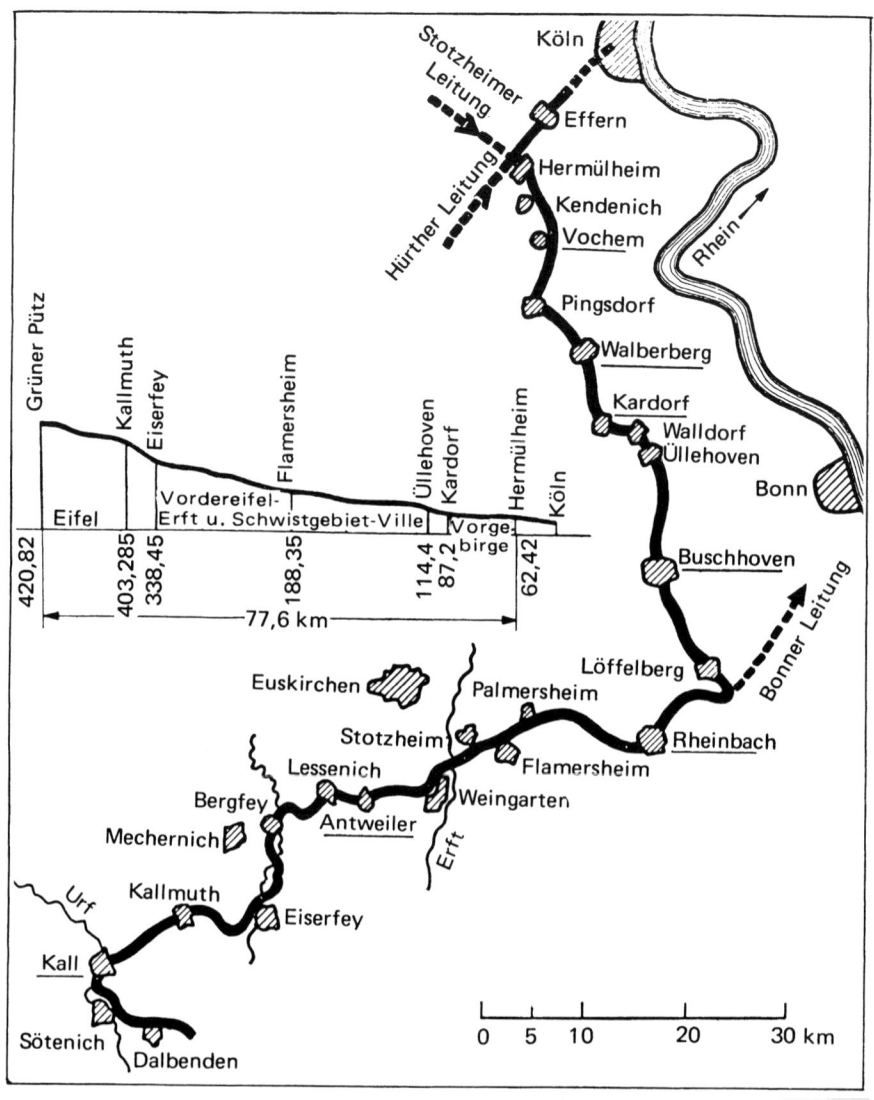

Bild 75. Verlauf der Kölner Wasserleitung. Aus [10].

regelmäßig verteilte Einsteigeschächte begehbar. Nur der untere Teil des Querschnittes in Höhe von 30 bis 50 cm führte das Wasser. Er war mit wasserdichtem Zement ausgekleidet. Der Wasserstand ist vielfach noch an abgesetztem Sinter kenntlich. Im Pont du Gard, im Hintergrund des Bildes 78 sehr deutlich, erreichte er sogar fast 1,50 m Höhe.

Bild 76. Bogenführung der Eifelwasserleitung. Modell im Römisch-Germanischen Museum Köln.

Bild 77. Pont du Gard. Photo Klumbach.0

Bild 78. Das Gerinne des Pont du Gard. Römisch Germanisches Zentralmuseum Mainz. Photo Klumbach.

Bild 79. Kanalführung der Kölner Wasserleitung. Modell im Römisch-Germanischen Museum Köln.

Kundige haben öfter die Liefermengen der Aquädukte nachgerechnet. Man ist erstaunt, wenn man die Zahlen hört. Sie betragen meist je Kopf der Bevölkerung das Drei- bis Vierfache des heutigen Verbrauches. Wie erklärt sich das? Das Wasser floß an allen Zapfstellen unaufhörlich. Tag und Nacht. Auch bei den Privatabnehmern. Das unaufhörlich strömende Gerinne lieferte ja genug nach. Will man den Begriff eines Wirkungsgrades der Verteilung erdenken, so war dieser Wirkungsgrad gegenüber heutigen Verhältnissen natürlich sehr schlecht. Aber das Altertum konnte sich das eben leisten.

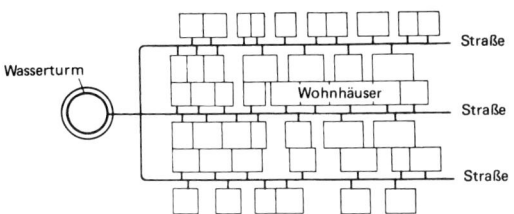

Bild 80. Schema moderner Wasserverteilung. Verf.

Das Gerinne, der Aquädukt, mündet am höchsten Punkt der Stadt in den Verteiler. Er hieß castellum, Wasserschloß, oder auch castellum dividiculum oder piscina. Der Verteiler ist dem heutigen Wasserturm vergleichbar. Die Verteilung selbst ging aber ganz anders vor sich. Heute geht vom Turm eine Hauptleitung ab. Gewissermaßen ein Stamm. Der Stamm verteilt sich in Äste. Sie führen durch die einzelnen Straßen, Bild 80. Die Äste verzweigen sich und führen dadurch zu den einzelnen Häusern und Abnehmern. Im Altertum war das so: Vom Schloß gin-

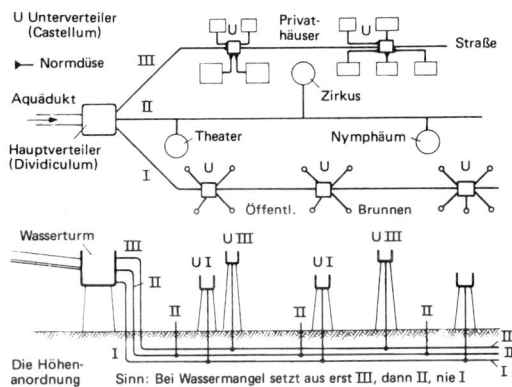

Bild 81. Schema antikrömischer Wasserverteilung. Verf.

gen meist drei Hauptäste ab, Bild 81. Der erste war für die Sozialversorgung, lat. opera publica. Das waren die öffentlichen Straßenbrunnen für Trinkwasser, aus denen die Bevölkerung ihr Wasser holte. Der zweite speiste die sonstigen öffentlichen Anlagen, lat. munera in nomine Caesaris. Das waren Theater und Schmuckanlagen, sog. Nymphäen. Der dritte Ast war für Privatabnehmer.

Die drei Äste waren Druckrohre aus Blei bis zu 300 mm Durchmesser. Das Eigenartige ist, sie waren am Wasserschloß in verschiedener Höhe angesetzt. Zu oberst saß der Anschluß für Privatverbraucher. Etwas tiefer der der munera. Zu unterst war der Sozialbedarf angeschlossen. Wurde das Wasser knapp, so sank der Spiegel im Wasserschloß. Dann fielen zuerst die Privatabnehmer aus. Danach die öffentlichen Wasserkünste. Die Straßenbrunnen nie.

Statt durch verschieden hohe Anzapfung erreichte man die Abstufung auch so, indem man das Wasser über drei verschieden hoch eingestellte Wehre flie-

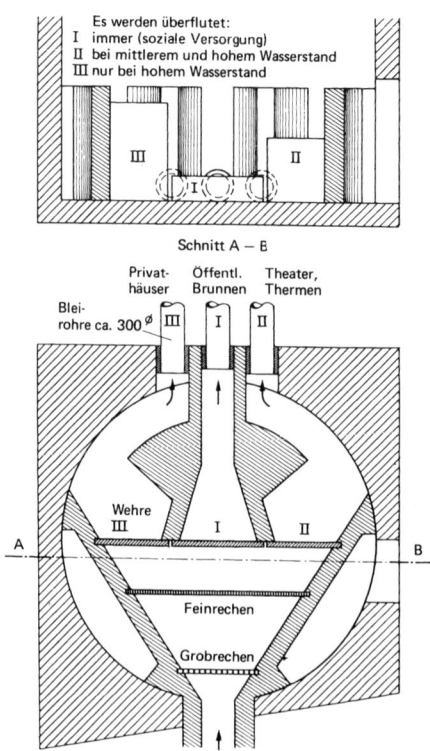

Es werden überflutet:
I immer (soziale Versorgung)
II bei mittlerem und hohem Wasserstand
III nur bei hohem Wasserstand

Schnitt A – B

Privat-   Öffentl.   Theater,
häuser   Brunnen   Thermen

Blei-
rohre ca. 300 ⌀

Wehre

Feinrechen

Grobrechen

Bild 82. Hauptverteiler Pompeji, Schema. Verf.

Bild 83. Hauptverteiler Pompeji, von innen. Verf.

Bild 84. Hauptverteiler Pompeji, von außen, 1. Jh. n. Chr. Verf.

ßen ließ. So war es in Pompeji. In Bild 82 sieht man den Verteiler. Im oberen Schnitt A—B schaut man in Stromrichtung auf die drei Wehre I, II, III. Bild 83 zeigt einen Verteiler. Die hölzernen Wehrplatten sind geraubt. Doch sieht man vorn die Reste ihrer bronzenen Befestigung.

Hinten schaut man durch das Anschlußloch des Mittelrohres ins Freie. Bild 84 veranschaulicht das Wasserschloß von außen. Unten erkennt man die drei Löcher für die mächtigen drei Hauptrohre von etwa 300 mm Durchmesser. Das Wasserschloß von Nîmes, Bild 85, arbeitete vermutlich gleichfalls mit Wehren. Nun die Unterverteilung. Der Sozialstrang führte zu einzelnen kleinen Wassertürmen (UI in Bild 81). Sie standen meist an einer Straßenkreuzung und vesorgten die naheliegenden Straßenbrunnen. Bild 86

Bild 85. Hauptverteiler in Nîmes. Römisch-Germanisches Zentralmuseum Mainz. Photo Klumbach.

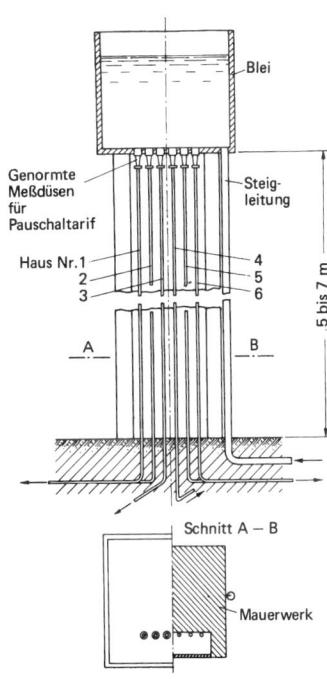

Bild 86. Unterverteiler in Pompeji, 1 Jh. n. Chr. Verf.

Bild 87. Unterverteiler für Privatanschlüsse, Schema. Verf.

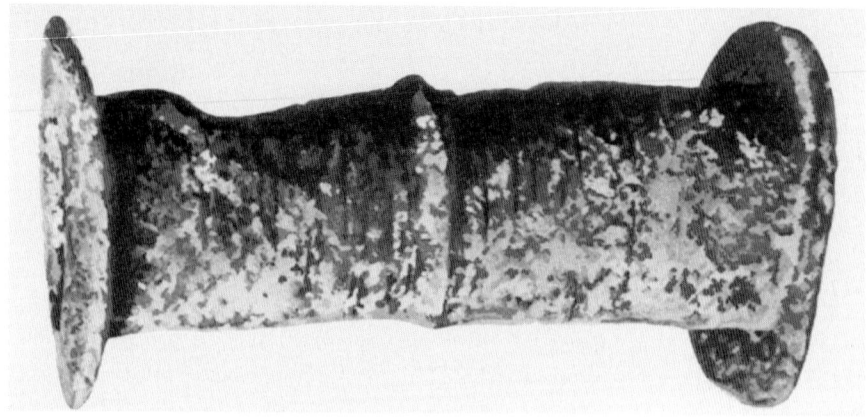

Bild 88. Normdüse. Aus [6]. Nationalmuseum Rom.

Bild 89. Unterverteiler in Pompeji mit Wasserkasten und Normdüse. Aufnahme des Museo Nazionale, Neapel.

Bild 90. Installation der Wasserleitung mit Hähnen im Rinnstein des Peristylgartens. Pompeji; um 70 n. Chr. Verf.

zeigt einen solchen Unterverteiler. Er bestand aus einem Wasserkasten auf hohem Pfeiler.

Die munera II wurden unmittelbar aus der Druckleitung gespeist. Reiche Privathausbesitzer schlössen sich zu mehreren zu einer Gemeinschaft, consortium, zusammen. Auf Antrag und eigene Kosten durfte sich ein Konsortium einen Unterverteiler bauen und an Strang III anschließen. Auch dieser Unterverteiler war ein hochgesetzter Bleikasten, Bild 87. Jeder Teilnehmer hatte eine Anschlußleitung zu seinem Hause. Dieser war eine Normdüse vorgeschaltet. Sie begrenzte die zulässige Wasserentnahme und bestimmte die Tarifgruppe für die pauschale Wasserrechnung. Die Normdüsen waren aus Bronze und nach dem Durchfluß genormt, Bild 88. Sie wurden in einem bürokratisch umständlichen Verfahren bei der Behörde beantragt und genehmigt, mußten dann vom Eichamt geprüft und gestempelt

Bild 91. Installation auf Bürgersteig in Pompeji. Verf.

werden und durften nur durch konzessionierte Installateure eingebaut werden. In Bild 89 ist ein solcher Privat-Unterverteiler aus Pompeji abgebildet. Man sieht den Wasserkasten. Der Pfeiler unter ihm steckt noch etwa 6 m tief im Schutt des Vesuvausbruches. Eine etwa einzöllige Düse an dem Kasten ist noch erhalten. Die anderen sind abgebrochen.

Installation und Unterhaltung sind oft auffallend sorglos. Die Leitungen lagen offen in der Regenrinne der Hausgärten, Bild 90, mitunter sogar ungeschützt auf dem Bürgersteig, Bild 91. Das gab häufig Reparaturen. Man flikte durch übergeschweißte Muffen. Die dicken Wülste in Bild 91 sind solche Flickstellen. Wurde ein Verteileranschluß undicht, kümmerte man sich nicht viel darum. Bild 92 zeigt einen solchen Fall aus Pompeji. Das Leckwasser ist

Bild 92. Unterverteiler in Pompeji mit Sinteransatz. Verf.

dort jahrelang gelaufen und hat so einen dicken Sinteransatz hinterlassen. Die Rohre wurden aus Bleiplatten zusammengebogen. Der entstehende Falz wurde verlötet oder, richtiger gesagt, verschweißt. Denn Blei wurde mit Blei ohne Zugabe von Zinn autogen verschmolzen. Das Flußmittel ist unbekannt. Man darf wohl Harz dafür vermuten. Wahrscheinlich wurde mit sehr heißem Kolben gelötet. Die Rohrschlüsse wurden durch überzogene und verschweißte Muffen miteinander verbunden, Bild 93. Wie man dabei an schwer zugänglicher Montagestelle die Schmelzhitze an das Werkstück heranbrachte, weiß man nicht. Die ganze Rohrtechnik muß eine ungewöhnliche Kunstfertigkeit erfordert haben. So erklärt sich vermutlich auch die bequemere oberirdische Montage in Bild 90 und 91. Allerdings sieht man in Ostia ein Hauptwasserrohr von etwa 300 mm Durchmesser in tadellos sauberer und exakter Ausführung in einem Rohrgraben unter der Straße. Die Rohre waren genormt. Die kleineren nach dem Durchmesser in Viertelfingern, die größeren nach dem Querschnitt in Quadratfingern. Das war praktisch für die Netzberechnung.

Für doppelten Durchfluß brauchte man ungefähr nur die doppelte (Querschnitts-) Nennweite zu wählen, für dreifachen die dreifache usw. Die

Bild 93. Muffenverbindung eines Bleirohres. Aus [6].

Normung hatte noch einen anderen Zweck. In der Rohrberechnung muß man allenthalben mit π arbeiten. Aus Abschn. II geht hervor, daß man es konnte. Aber es war sehr umständlich. Deshalb hatten Meister und Ingenieur ein Tabellenwerk mit allen erforderlichen, nach der Norm abgestuften Maßen. Es hieß commentarius. An Hebewerken gab es Schöpfräder, Wasserschnecken und Druckpumpen. Letztere wurden in Bronzekonstruktion von Ktesibios angegeben und werden von nicht technisch kundigen Historikern fälschlich als Feuerspritzen gedeutet. Pumpen mit hölzernem Stiefel und Kolben sind des öfteren gefunden. Sie dienten auf Bauernhöfen als Pumpbrunnen und sind als solche unserer noch heute gebräuchlichen Bauform durchaus ähnlich. Die Absperrorgane waren durchweg Hähne, Küken und Bohrung, gedreht und eingeschliffen. Das Museum in Ostia besitzt einen solchen für etwa 250 mm Anschlußweite. Im Albaner Nemisee wurde ein 90er Hahn gefunden. Er ist noch heute beweglich und funktionsfähig, Bild 94. Interessant ist die Wirkungsweise. Bild 95 läßt sie erkennen. Es zeigt links einen antiken, rechts einen modernen Wasserhahn. Sie gleichen sich scheinbar. Aber der Boden des römischen Hahnkörpers ist durch einen eingelöteten Deckel D verschlossen. Das zylindrische Küken haftet nur durch Reibung. Der im Hohlraum bei H

Bild 94. Wasserhahn vermutlich aus einem der Nemischiffe. Aus [6].

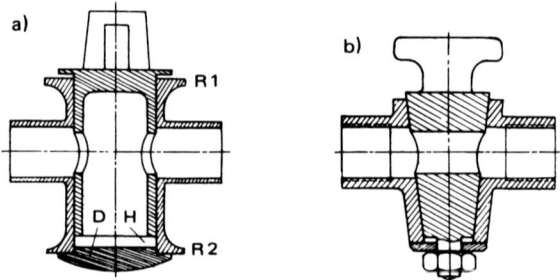

Bild 95. Antiker (a) und moderner (b) Wasserhahn. Zeichnung Verf.

herrschende Druck sucht es nach oben heraus zu treiben. Er durfte deshalb nicht höher als 0,6 bar Überdruck sein. Höherer Leitungsdruck mußte reduziert werden. Dazu dienten die in Bild 86, 87 und 89 dargestellten Verteilungstürme. Sie hatten deshalb eine Höhe von rd. 6 m. Noch ein Wort über die Kölner Leitung (Bild 75). Sie ist 78 km lang. Der verfügbare Höhenunterschied beträgt 360 m. Das ergibt ein mittleres Gefälle von 44 cm auf 100 m oder eine durchschnittliche Wassergeschwindigkeit von rd. 1,1 m/s. Das Gelingen hängt ab von der Genauigkeit der Nivellierung. Man nivellierte mit dem Chorobates (Bild 10). Die Trasse führt entlang an den Berghängen der Eifel, um Zwischenhügel, durch Tunnels und über Täler. Das alles mußte der Chorobates leisten. Das Werk ist geglückt. Es ist noch immer ein Wunderwerk der Technik. Der Ingenieur, der das konnte, war sicher ein Könner. Wir besitzen das „Porträt" eines solchen Könners. Es ist die folgende liebenswürdige und warmherzige Grabschrift

```
        Q · CANDIDI · BENIGNI · FAB · TIG · C
        ORP · AR · ARS · CVI · SVMMA · FVIT
        FABRICAE · STVDIVM · DOCTRIN
        PVDOR·QVE·QVEM ·MAGNI ARTIFI-
        CES · SEMPER · DIXSERE
        MAGISTRVM · DOCTIOR · HOC · NE
        MO · FVIT · POTVIT · QVEM · VDNfC
        ERE · NEMO · ORGANA · QVI · NOSSE
D       T FACERE AQVARVM AVT DVCE          M
        RE · CVRSVM · HIC · COWIVA · FVI T ·
        DVLCIS · NOSSET · QVI · PASCE RE ·
        AMICOS · INGENIO · STVDIO DOCILIS
        · ANIMOQVE · BENIG NVS · CANDIDA
        · QVINTBMA PATRI · DVLCISSIMO ·
        ET · VAL MAXSIMINA · CONIVGI ·
        KAR
```

Der Seele des Quintus Candidius Benignus, Mitglied des Arleser VdI (Verein der Ingenieure, fabrorum tignariorum corporis Arelatensis). Größte Fertigkeit, technisches Streben, Fachwissen und ehrenhafte Gesinnung zeichneten ihn aus. Große Ingenieure nannten ihn immer ihren Meister. Niemand war gelehrter als er, den niemand übertreffen konnte. Ihn, der es verstand, die wasserbaulichen Konstruktionen herzustellen und die Leitungsführung zu entwerfen. Er war ein gemütlicher Zechkamerad, im Freundeskreis ein geistreicher Unterhalter, aufgeschlossen für den technischen Fortschritt und von liebenswürdigem Wesen. Diesen Stein setzten sein Töchterchen Candida Quintina ihrem allerzärtlichsten Vater und Valeria Maxima ihrem geliebten Gatten.

Q. Candidius war Südfranzose (Gallier), lebte um 250 n. Chr. in Arles und war wahrscheinlich am Bau der dortigen Stadtwasserleitung beteiligt.

57

X. KANALISATION

Bild 96. Modell eines Abwasserkanals mit Einsteigschacht in Köln. Römisch-Germanisches Museum Köln.

Die nach heutigen Begriffen übermäßig starke Wasserlieferung der Aquädukte — s. Abschn. IX. — machte eine weitläufig ausgebaute Kanalisation zur Abführung des Abwassers notwendig. Sie diente wie bei uns gleichzeitig zur Aufnahme des Regenwassers. Der Römer war darin sehr sorgfältig. In manchen Ausgrabungen wimmelte es so von Abwasserkanälen, daß es schwer war, das Netz zu entwirren. Die Pflege der Hygiene spielte wie auf anderen Gebieten so auch hier eine Hauptrolle. Sogar in den Truppenlagern achte-

Bild 97. Einsteigschacht des Aquäduktes in Pompeji. Verf.

te man sorgfältig darauf, indem man sie der Entwässerung halber immer auf geneigtem Boden anlegte. In dem Saalburgkastell sieht man in der Nordostecke die heutige Entwässerung noch an der gleichen Stelle, wo der Römer sie angelegt hatte.

In allen größeren Städten waren die wichtigeren Straßen von einem unterirdischen Abwasserkanal durchzogen. Wie heute waren in Abständen Einsteigschächte angebracht.

Bild 98. Kanaldeckel in Herkulaneum. Verf.

Das Modell eines solchen aus dem alten Köln sieht man in Bild 96. Bild 97 zeigt die Öffnung eines Einsteigschachtes, allerdings nicht eines Kanales, sondern der Wasserleitung von Pompeji. Man erkennt, wenn auch nicht sehr deutlich, die

Bild 99. Rinnsteingully in der Via dell´Abbondanza in Pompeji. Verf.

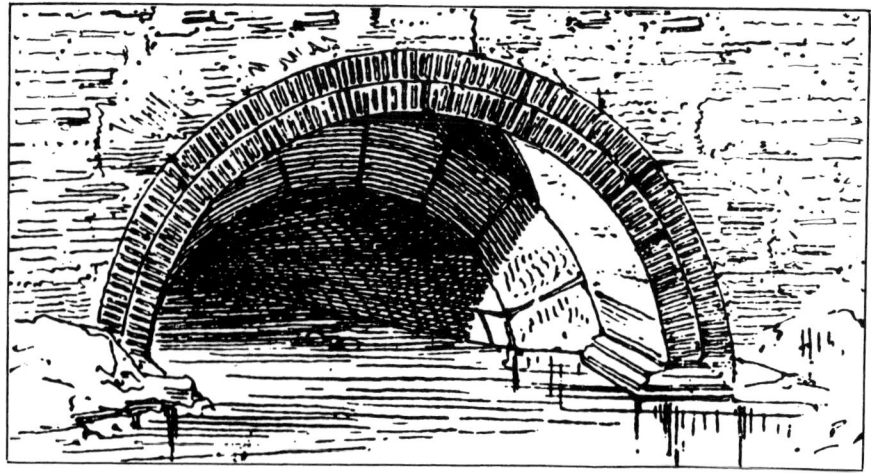

Bild 100. Mündung der Cloaca maxima in den Tiber. Aus [6].

Auflagen für zwei Kanaldeckel. Einen unteren zum Schutz gegen Schmutz und Staub, einen oberen zur Abhaltung von Regenwasser.

In einer Straße Herkulaneums läuft je ein Kanal unter Fahrdamm und Bürgersteig, Bild 98. Die steinernden Deckel haben eine Bronzeöse zum Ansetzen der Hebestange beim öffnen. Im hinteren Deckel wurde die klappbare Öse hochgestellt, damit sie besser zu sehen ist. Das Regenwasser wurde in uns vertrauter Weise durch Rinnsteinöffnungen in den Kanal geleitet. Bild 99 zeigt ein solches Gully aus der Hauptstraße von Pompeji. Die berühmte Cloaca maxima der Stadt Rom stammt schon aus früher republikanischer Zeit. Die noch heute erhaltene Mündung in den Tiber, Bild 100, offenbart ihre imponierenden Ausmaße. Bei heftigen Regenfällen sorgten übrigens Trittsteine dafür, daß man den oft stark verschmutzten Fahrdamm sauberen Fußes überqueren konnte. In Bild 122 sind solche Trittsteine sichtbar. Der Kampf der Behörden um die Hygiene war nicht immer erfolgreich. Namentlich in den Mietkasernenvierteln entleerte man rücksichtslos Nachtgeschirre aus den oberen Stockwerken auf die Straße und warf Abfall und Scherben kurzerhand zum Fenster hinaus.

Diese Häuser waren nicht an die Kanalisation angeschlossen. Man war daher wesentlich auf die öffentlichen Latrinen angewiesen, Bild 101. Sie waren immer Gemeinschaftsanstalten und hatten 10, 20, ja bis zu 40 Sitzen. Deren Anordnung über dem Spülkanal wurde schon beschrieben (Bild 61 und 62). Vor der Sitzbank ist stets eine Wasserrinne ausgearbeitet, in der man nach

Bild 101. Öffentliche Latrine in Ostia. Verf.

Erleichterung des Körpers die Hände wusch, wie dies noch heute im Orient üblich ist.

Der Römer hatte ein Sprichwort: Natürliche Dinge sind nicht unanständig. In Ostia gibt es eine Kneipe. Sie heißt: „Die Taverne der sieben Weisen". Sie heißt so nach einem ebenso drastischen wie humoristischen Wandgemälde. Das Gemälde persifliert sieben der berühmtesten Philosophen auf der Gemeinschaftslatrine sitzend. Darunter Solon von Athen und Thales der Mathematiker. Die Lebensweisheit aller Sieben gipfelt in der Mahnung: „Sorge für geregelte Verdauung"; z. B. in sehr ungeniertem Latein: Ut bene cacaret, Solon ventrem palpavit.

XI. GROSSBAUTEN

Zunächst sei von den Theatern die Rede. Bühne und Arena waren ganz oder teilweise unterkellert. Der Keller enthielt umfangreiche Maschinen, mit denen Personen und ganze Szenerien versenkt oder gehoben werden konnten. Eine solche Maschine, das Pegma, vermochte einen Artisten im Bogen aus der Versenkung empor zu schleudern. Er trat wohl häufig als ein Gott auf. Der Deus ex machina ist ein uns allen bekannter Ausdruck.

Wodurch die römischen Großbauten den Beschauer beeindrucken, das sind ihre riesigen Ausmaße und ihr oft guter Erhaltungszustand. Selbst zwei Jahrtausende vermochten die gewaltigen Steinmassen nicht völlig zu beseitigen.

Das Flavische Amphitheater, nach einer Kolossalstatur des Nero Kolosseum genannt, ist das größte Theater der Welt, Bild 102. Es faßt 50 000 Zuschauer. In dem gut erhaltenen Amphitheater von Nîmes, Bild 103, werden heute Stierkämpfe ausgetragen. Das ist die Sensation und Leidenschaft der Bürger von Nîmes und Umgegend. Der Andrang ist enorm. Dennoch: Auch stärkster Besuch vermag das gewaltige Rund heute nur noch dünn zu füllen.

Das Amphitheater mit der Aufführung von Gladiatoren- und Tierkämpfen war für das Volk das, was heute das Kino ist. Daneben hatten die Städte auch richtige Bühnentheater. Auf dem Luftbild, Bild 104, von Arles sieht man beide. Das Theater diente der ernsten Kunst, aber auch Possen, Singspielen und einer Art Ballett, dem beliebten Mimus. Die Bühnenwand, Bild 105, war

Bild 102. Das Flavische Amphitheater (Kolosseum), Rom, 1. Jh. n. Chr.

Bild 103. Amphitheater zu Nîmes.

reich gegliedert und verziert, die Rückseite des Bühnengebäudes von ernster Großartigkeit, Bild 106. Die Bilder stammen aus Orange (Rhône).

Kein Stattor der antiken Welt ist so gut erhalten wie die Porta Nigra zu Trier, Bild 107. Ganz aus hellen Sandsteinquadern errichtet, sind die Blöcke an Stoß-

Bild 104. Arles mit Amphi- und Bühnentheater. Bild 103 und 104 nach einer Aufnahme der Société d'Édition et de Reproduction Photographique (S.E.R.P.), Paris XI. Pilote et opérateur R. Henrard.

63

Bild 105. Bühnentheater in Orange (Rhône). Verf.

Bild 106. Rückseite des Bühnenhauses in Orange. Verf.

Bild 107. Die Porta Nigra in Trier, Ende 2. Jh. n. Chr.

und Lagerflächen äußerst sorgfältig zugerichtet, mit „Sägeblättern" geglättet und ohne Verwendung von Mörtel Lage für Lage aufeinander geschichtet worden. Eiserne Krampen in Blei vergossen stellen eine horizontale Verbindung und Stabilisierung her. Am Sockel der Außenseite wie auch im Innern waren diese „Metallelemente" Anlaß für zahlreiche Aufbrüche und Zerstörungen, als das Festungsbauwerk zwischen 450 und 1036 ohne Nutzung verlassen stand.

Wie ein Roman erscheint die Technikgeschichte der Trierer Basilika. Das war die Palasthalle Kaiser Konstantins, Bild 108. Sie diente zu Staatsakten und diplomatischen Empfängen. Bei 29 m Höhe hat sie einen Rauminhalt von 52 700 m³. Im Altertum hatte sie eine hypokaustische Fußboden-strahlungsheizung mit 1636 m² Heizfläche, Bild 109. Im vorigen Jahrhundert wurde sie als evangelische Kirche benutzt und war zu diesem Zweck innen neu verputzt worden. Vor einigen Jahren wurde die Römerheizung aus geschichtlichem Interesse nachgerechnet. Die Rechnung ergab einen Wärmebedarf von 580 000 kcal/h (670 kW), zeigte

Bild 108. Die Basilika zu Trier; Anfang 4 Jh. Rheinisches Landesmuseum Trier.

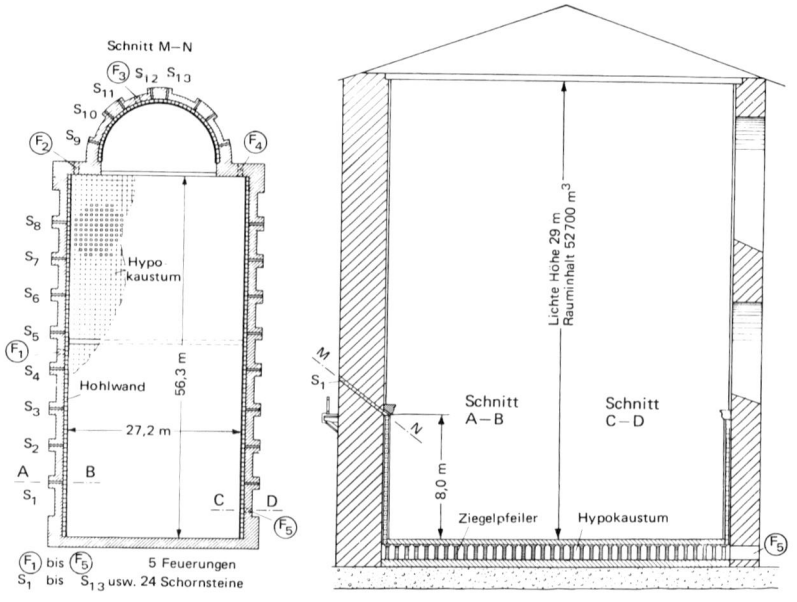

Bild 109. Heizanlage der Trierer Basilika. Verf.

aber, daß an der dafür erforderlichen Heizfläche 15 % fehlten. Der Fußboden allein reichte nicht aus. Hatte der antike Ingenieur sich so geirrt?

Gerade in jener Zeit entschloß sich die Kirchenvenvaltung, den bombengeschädigten Bau wieder als Kirche herzurichten. Dazu war die Beseitigung des schadhaften Putzes notwendig. So geschah es. Stück um Stück fiel unter den Schlägen der Maurer der neuzeitliche Putz von der Wand. Stück um Stück kam ein Netz von Löchern und Eisenkrampen aus römischer Zeit zum Vorschein, deren Abstände den Maßen antiker tubuli entsprachen. Kein Zweifel, die Wände waren tubuliert gewesen. Diese Tubulatur hatte nicht wie sonst als Wärmedämmung, sondern zusätzlich als Wandheizung gedient. Und jetzt kommt das Verblüffende. Die Tubulatur bedeckte die 29 m hohe Wand nur bis zu einer Höhe von 8 m. Warum nur 8m? Diese 8 m hohe Wandheizung lieferte gerade die von der Rechnung als fehlend erkannten 15 % Heizfläche. Der römische Heizungsingenieur war überraschend gerechtfertigt.

Damit nicht genug. Als Kirche sollte der Bau eine moderne elektrische Heizung bekommen. Den Gedanken der antiken Fußbodenstrahlungsheizung behielt man bei. Aber natürlich errechnete man den Wärmebedarf nach modernen Verfahren neu. Theorie und Wissenschaft des 20 Jhs. ergaben 584 000 kcal/h (680 kW). 580 000 kcal/h (670 kW) leistete die antike Anlage! Man kann hier nur ein Ausrufungszeichen setzen.

680 kW sind heute in Form von Heizkabeln installiert. Die Anlage arbeitet mit bestem Erfolg. Den gleichen Erfolg muß sie infolge Gleichheit der Leistung auch im Altertum erbracht haben. Übrigens: Wir sprachen (Abschn. VI) vom geringen Zugbedarf des Oberluftfeuers und der demzufolge niedrigen Schornsteinhöhe. Die Schornsteinmündungen der Basilika sitzen in den 29 m hohen Mauern nur 8 m hoch. Sie sind noch wohlerhalten.

XII. THERMEN

Wohl die technisch vollendetste Leistung des Altertums sind die großen Thermen der Kaiserzeit. Ihre konstruktive Voraussetzung sind die schon eingangs genannten Erfindungen, wie Fensterverglasung, Tubulierung und bewußt zweckgerechte Anwendung des hartgebrannten Ziegels als feuerfester Baustoff. Sie datieren aus dem Anfang des 1. Jhs. n. Chr. Deshalb beginnt mit dieser Zeit auch erst die Ära der Großthermen. Die Bauelemente sind die gleichen, wie sie bei Behandlung der Haustechnik, Abschn. VI, beschrieben wurden. Aber die Ausmaße sind ins Riesenhafte vergrößert. In einer Großtherme konnten Hunderte, ja über tausend Personen täglich den etwa zweistündigen Badeprozeß durchmachen. Er verlief auch umständlicher als im Hausbad. Die Thermen dienten gleichzeitig dem geselligen Beisammensein, der Bildung und dem Sport. Daher gehörten zu den Badeanlagen auch Einrichtungen wie Bibliotheken, Leseräume und vor allem Sportanlagen für Breitensport. Bild 110 gibt einen Eindruck von der baulichen Ausgestaltung einer kleinen Kaltwasserwanne in den Lagerthermen. Es ist ein Bau von und für Soldaten. Die Wanne hat wie fast immer 75 cm Wassertiefe. Sie ist vollständig mit Marmor inkrustiert.

Bild 111 läßt die Ausmaße einer großen Wanne erkennen. Es ist die Warmwanne im Abschwitzraum der Zentralthermen von Pompeji. Sie sollten unter Verwendung der neuen Hochtemperaturtechnik das Modernste werden, was man damals kannte. Im Jahre 79, als der Vesuvausbruch diese zerstörte, befanden sie sich noch im Rohbau. Bild 112 zeigt ein Hypokaustum der Thermen aus Glanum in der Provence. Auch dieser Bau stammt aus der

Bild 110. Kleine Kaltwasserwanne in den großen Thermen von Leptis Magna (Nordafrika), um 120 n. Chr. Aus [4].

68

Bild 111. Unvollendete Warmwanne in den Zentralthermen von Pompeji, 79 n. Chr. Verf.

Bild 112. Hypokaustum des Stadtbades in Glanum (St. Remy en Provence); sog. II. Technikepoche. Verf.

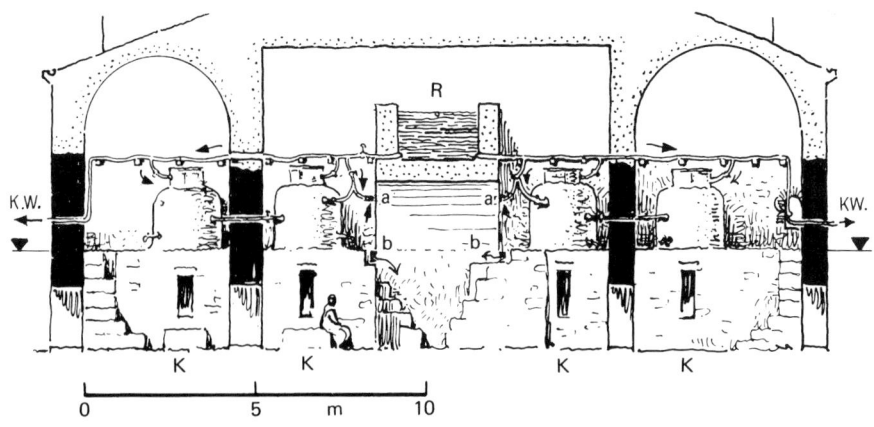

Bild 113. Heizergang der Lagerthermen zu Lambaesis (Nordafrika). Um 150 n. Chr.; benutzt bis Ende 3. Jh. Aus [4].

K   Durchlauferhitzer; darunter die Schürlöcher der einzelnen Heißwannen
R   Reservoir für Kaltwasser zu den Mischhähnen
a   Zulauf des ständig fließenden Mischwassers zu den Wannen
b   Ablauf von den Wannen

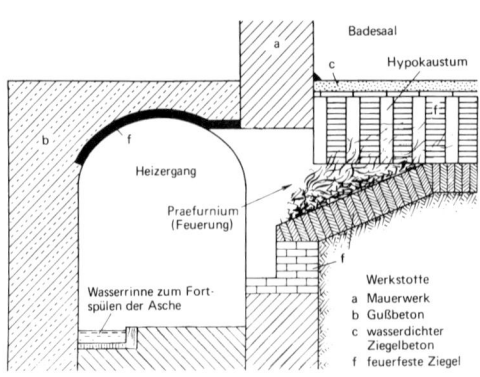

Bild 114. Spülentaschung in den Barbarathermen zu Trier; Anfang 2. Jh. Verf. Nach [4].

Frühzeit der neuen Hochleistungstechnik. Man war in ihr noch nicht sicher. Zwar sehen die feuerfesten Ziegelpfeiler nach über 100jährigem Betrieb wie neu aus. Aber das vorn sichtbare Praefurnium, fehlerhafterweise aus Sandstein gebaut, konnte der modernen Heißfeuerführung nicht standhalten. Es ist von den Flammen fast bis zur Unbrauchbarkeit erodiert. Deswegen wurde, wo verfügbar, das Praefurnium aus Basaltlavaquadern errichtet und der Boden aus senkrecht gestellten Ziegeln konstruiert (Thermen und Basilika in Trier, Badetrakt der Villa Weilerbüsch bei Bitburg).

Bild 115. Bedienungsgang in den Trierer Kaiserthermen. Aus [4].

Die Großthermen machten es nötig, die Heiz- und Bedienungsanlage als eigene Baugestaltung zu entwickeln. Diese war klug durchdacht. Alle geheizten Räume waren wärmestauend zu einem massiven Baublock zusammengefaßt. Häufig hufeisenförmig ihn umfassend, häufig mehr oder weniger abgewandelt, immer von den Publikumsräumen streng getrennt, legte sich um den Warmblock die technische Bedienungsanlage (s. Bild 118). Sie enthielt die Wasserverteilung, die Kessel, Mischventile, die Feuerungen (Praefurnium), die Entaschung und Stapelplätze für Handvorräte von Brennholz. Die mit Abwärme geheizten Räume, in der Hauptsache also der Abschwitzsaal, waren im Inneren des Baublockes angeordnet. Diese brauchten kein Praefurnium.

Die Bedienungsanlage hatte meist die Form eines überwölbten, halbversenkten Ganges. Bild 113 stellt einen solchen Heizergang dar. Man sieht die

Bild 116. Rekonstruktion der Trierer Kaiserthermen; um 280 n. Chr. begonnen. Aus {4}.

Bild 117. Ruine der Trierer Kaiserthermen.

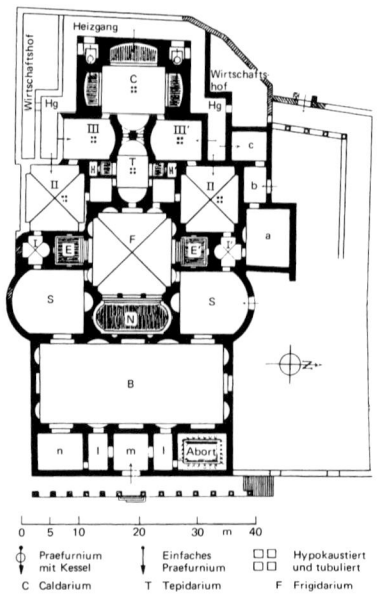

Praefurnien und die Kessel K mit Zugangstreppen und Auftritten zur Bedienung der Mischhähne und die Wasserrohre; R ist das Reservoir mit Kaltwasser. Ganz modern mutet die in Bild 114 abgebildete Spülentaschung an. Sie wurde in Trier gefunden. Abwasser durchströmte den Heizergang in einer offenen Rinne. Der Heizer zog die Asche aus dem Praefurnium und schob sie in die Rinne. Die Strömung schwemmte sie fort in die nahegelegene Mosel.

Bild 118. Grundriß der großen Thermen in der Südstadt zu Djemila (Algerien). Aus [4].

Die begehbaren Abwasserkanäle und sonstigen

Bedienungs- und Verbindungsgänge bildeten ein fast unübersehbares unterirdisches Labyrinth unter dem Thermenbau. Bild 115 gibt einen Eindruck von der beträchtlichen Ausdehnung dieser Gänge.

Bild 116 zeigt eine Rekonstruktion der Trierer Kaiserthermen, sie macht den ganzen Baugedanken verständlich. Hinten liegen die nicht hypokaustisch geheizten Säle einschließlich des Kaltbades. Diese wurden im Winter durch offene Kohlebecken erwärmt. Vorn ist der Block der Warmbaderäume angeordnet. Die große Aspis ent-

Bild 119. Durchblick durch das Kaltbad und die angrenzenden Flügelräume der Kaiserthermen. Aus [4].

hält die Hauptwanne des Dampfbades. Ganz links umfaßt der halbhohe Heizergang den Warmblock. Die Decke des Ganges liegt etwas über der Oberkante der Wannen. In der Decke läuft eine Rinne. Die rund 30 km weit aus dem Ruwertal herkommende Wasserleitung mündet über zwei Aquädukte in diese Rinne. Aus ihr wird das Wasser durch Bleirohre verteilt. Heute sind die Kaiserthermen eine Ruine, Bild 117. Der Eindruck der imposanten Reste ist noch immer gewaltig. Im Bilde ist a die Apsis des Dampfbades, b ein Kesselraum, c der Heizergang.

Der Grundriß, Bild 118, des sehr ähnlichen Bades von Djemila (Algier) läßt die Benutzungsweise deuten. Der ganze Bau ist symmetrisch doppelt angelegt. Man trifft das häufig. Vermutlich wurde bei geringem Andrang nur eine Hälfte benutzt. Alle Warmräume sind hypokaustiert und tubuliert. Von den Gesellschafts- und Auskleideräumen B und S kommend betrat man den mit Abhitze, also milde geheizten Raum I. Er ist klein, seine Zweckbestimmung unsicher. Von Raum I kommt man in Raum II. Auch Raum II ist in den meisten Thermen mit Abhitze von Raum III, also milde, erwärmt. Man darf etwa 25 °C annehmen. Raum II ist das Vorbad zum Reinigen und Salben, wobei Salböl ja die noch unbekannte Seife ersetzte. Dem Reinigungsbad folgte das trockene Heißluftbad, eine angenehme Form des Schwitzens, in Raum III.

Raum III hatte immer eigene große Praefurnien. Das Klima betrug etwa 55 °C bei 12 bis 14 % Feuchtigkeit. Vom Heißluftsaal ging man in das Dampfbad C. Das Naßschwitzen im Dampfbad war der anstrengende Hauptakt der ganzen Prozedur; Raum C hat deshalb eine riesige gewölbte Halle mit großen Fenstern. Die Temperatur war auch hier etwa 55 °C, jedoch mit 98 bis 100 % Luftfeuchte. Man unterstützte den Schweißaustrieb durch das Wasserbad. In Raum C sind deshalb zwei Heißwasserwannen von 40 °C, kenntlich an den vorgeschalteten Kesseln, und die Warmwasserwanne von etwa 35 bis 36 °C ohne vorgelegten Durchlauferhitzer. Die Heißwannen waren wohl für robuste, die Warmwannen für schwächere Naturen. Juvenal berichtet von Herzschlägen.

Vom Dampfbad begab man sich in den anschließenden Abschwitzraum T, um den Schweißausbruch zu stoppen. Raum T ist immer mit Abwärme geheizt und deshalb milde temperiert. Hat der Saal wie mitunter ein eigenes Praefurnium, so ist dieses wohl nur als Hilfsheizung für kalte Wintertage aufzufassen. Dem Abschwitzen folgte als Schluß und Erfrischung ein Kaltwasserbad in F.

Bild 119 zeigt einen Durchblick durch die 130 m lange Flucht des Kaltbades der Trierer Thermen mit den angrenzenden Sälen. Läßt es die Raumgrößen auch erkennen, so gibt es schwerlich einen Eindruck von der architektonischen Großartigkeit des wirklichen Baues.

XIII. STRASSEN UND STRASSENVERKEHR

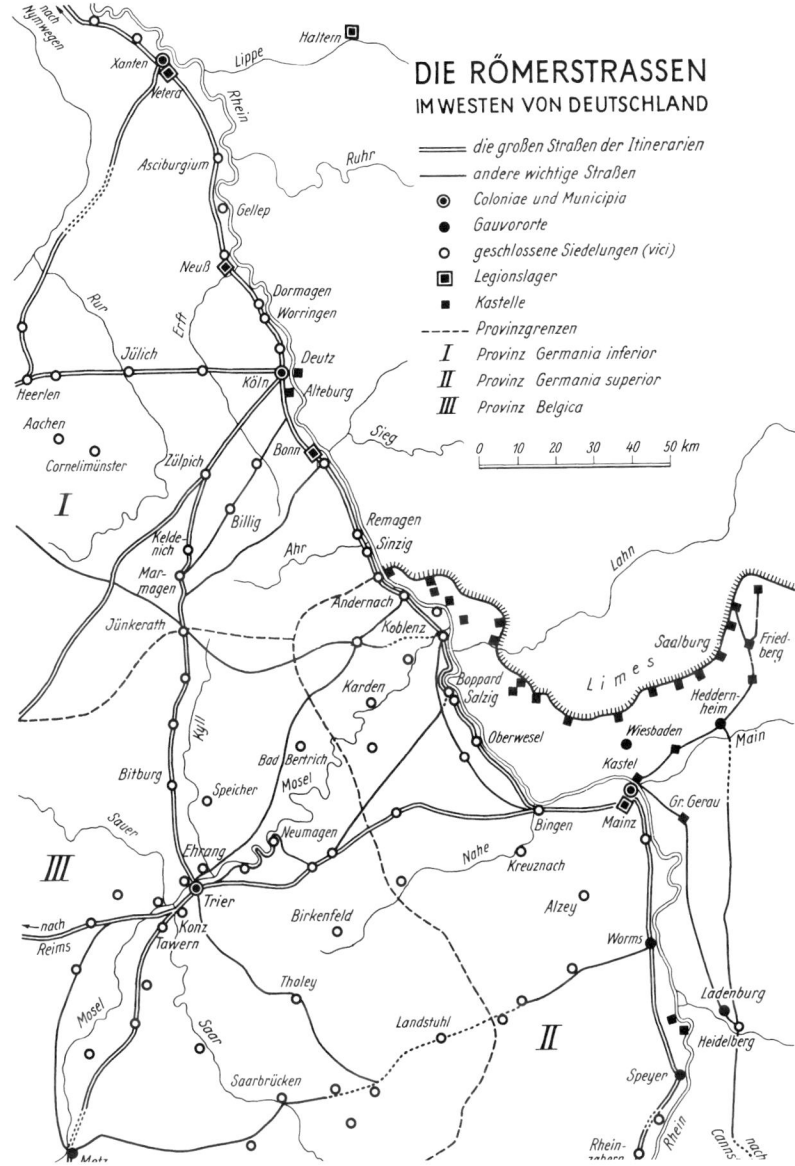

Bild 120. Römerstraßen im Westen von Deutschland. Umgezeichnet nach einer Karte im Rheinischen Landesmuseum Bonn.

Bild 121. Gebirgsdurchbruch der Via Flaminia. Aus [5, insbes. Bd. 2].

Die Handelsstraßen Italiens waren schon in republikanischer Zeit planmäßig und in hervorragender Güte ausgebaut. Die berühmte Via Appia von Rom nach Capua wird noch heute wegen ihres ehemals asphaltglatten Steinbelages bewundert. Das auf mehr als 5 Millionen Quadratkilometer anwachsende Weltreich stellte jedoch auch dem Straßenbau neue Aufgaben. M. Vipsanius Agrippa, des Augustus Schwiegersohn, unterzog sich diesen Aufgaben selbst. Namentlich in

Bild 122. Straße in Pompeji. Aus [2].

76

Bild 123. Schwerer Reisewagen. Klagenfurt. Kirche Maria Saal.

Gallien und dem römischen Germanien veranlaßte er eine Vermessung aller vorhandenen Haupt- und Nebenwege mit dem Zweck, die aus lokalen Belangen entstandenen Verbindungen durch ein dem Reichsinteresse dienendes planmäßiges System von Fernstraßen zu ersetzen. Diesen Plan hat er entworfen und teilweise noch selbst durchgeführt. Die späteren

Bild 124. Leichte Reisewagen. Denkmünzen für Julia Augusta und Agrippina. Aus [11, insbes. I. Taf. 23].

Bild 125. Postwagen. Grabstele aus Kostolatz (Moesia). Museum Belgrad.

Bild 126. Tankwagen. Silberschüssel, gefunden in Santander. Sammlung A. de Otañes in Castro Urdiales (Nordspanien).

Zeiten haben den Plan fortgesetzt. So geht das Netz der im Westen von Deutschland liegenden Römerstraßen, das in Bild 120 zu sehen ist, zum großen Teil auf Agrippa zurück. Natürlich sprachen dabei strategische Gesichtspunkte wesentlich mit. Die folgende Kaiserzeit vervollständigte dann das die gesamte alte Welt überziehende Netz von staatlichen Heer- und Handelsstraßen. Das Netz ist wohl auf über 100 000 km zu schätzen. Ein gleiches hat es in der Geschichte nicht wieder

78

gegeben. Die Straßen waren so schmal, daß sich zwei Fuhrwerke gerade begegnen konnten. Der Damm war gewölbt und meistens befestigt durch Kies oder Schotter auf dünner Packlage, teilweise durch Platten oder Steinpflaster. Die Entwässerung durch Straßengräben war sorgfältig. Den Reisenden, aber wohl auch den Straßenmeistereien dienten häufige Meilensteine mit Entfernungszahlen.

Noch heute erkennt man nicht die napoleonischen, sondern auch die vielfach noch benutzten Römerstraßen daran, daß sie unbekümmert um die Geländegestaltung geradlinig über Tal und Hügel hinweggeführt sind. Steigungen nahm man sehr rücksichtslos. Den alpinen Anstieg von Chiavenna zum Malojapaß (1811 m), den heute das Auto in 22 Serpentinen durchfährt, erzwang die Römerstraße mit nur drei Kurven. Eine andere Straße heißt deshalb noch heute Via Mala (die üble Straße). Wahrscheinlich verkehrte man dort nur mit Saumtieren. Trotzdem gibt es auch gut ausgebaute Straßen. Bild 121 zeigt den Durchbruch der sehr alten Via Flaminia durch den Appenin. Bild 122 veranschaulicht eine Straße innerhalb der Stadt Pompeji mit tief gehöhlten Gleisspuren und den schon einmal erwähnten Trittsteinen. Es fällt auf, daß nur ein Wagen Platz hat. Eine Begegnung ist unmöglich.

Nun einiges über die Fahrzeuge. Häufig fand man in Ausgrabungen schwere Reisewagen nach Bild 123. Er war bequem, hatte ausreichenden Gepäckraum, und man konnte darin auch schlafen. Er war nicht schnell. Schneller war der leichte Reisewagen, Bild 124, cisium oder carpentum. Er konnte aber kein Gepäck befördern. Die Damen des kaiserlichen Hauses

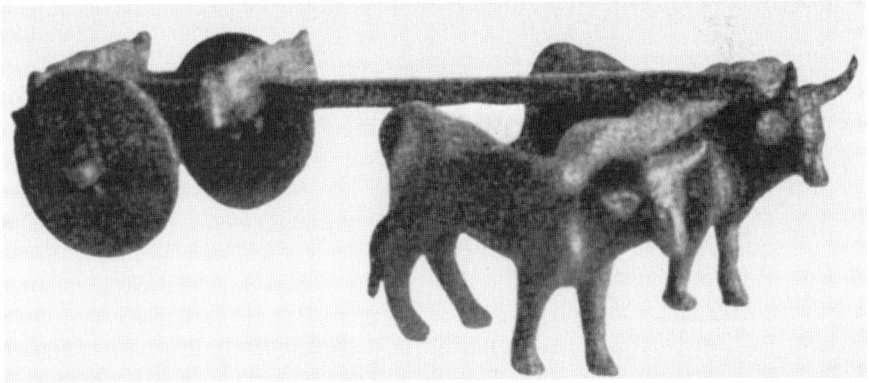

Bild 127. Ochsenkarren der Antike. Zeit der Republik. Bronze. Metropolitan Museum of Art, New York.

Bild 128. Heutiger italienischer Ochsenkarren. Verf.

hatten die Ausnahmegenehmigung, diesen leichten Wagen auch tagsüber innerhalb der Stadt Rom zu benutzen. Das carpentum war ein Prunkwagen für den Leichenumzug. Die schnellsten Fahrzeuge waren die Postwagen der kaiserlichen Reichspost, Bild 125, des cursus publicus. Sie dienten nicht dem öffentlichen Verkehr, sondern allein zur Beförderung von Staatskurieren und Beamten im Dienstauftrag. Mit Hilfe der in regelmäßigen Abständen vorhandenen Pferdewechselstellen (mutationes) konnte ein Postwagen mehr als 200 km in 24 Stunden zurücklegen. Des Interesses halber sei in Bild 126 ein Tankwagen gezeigt.

Das Bild stammt aus Spanien. Bezeichnend ist, daß der Römer nur Tonfässer (dolium) verwendete. In diesem Falle mußte auch er jedoch von der germanischen Erfindung des Holzfasses Gebrauch machen. Das Bild stellt eine heilkräftige Mineralquelle (salus umeritana) dar. Der Sauerbrunnen wird exportiert und zu diesem Zwecke getankt. Im übrigen sieht man, wie ein Stahlschmied einen spanischen (Toledaner?) Qualitätsstahl durch Abschrecken in dem Sauerwasser härtet. Rechts reicht ein Sanitäter einem Kranken einen Becher Mineralwasser. Links wird der Quellnymphe, vielleicht für gelungene Heilung, geopfert. Lastwagen (plaustrum) wurden vielfach durch zwei Ochsen gezogen. Man spannt beide Tiere an ein vor den Hörnern befestigtes Joch, Bild 127. Das Verfahren ist nicht sehr tierfreundlich, aber für den Fuhrmann bequem. Es hat sich bis heute nicht geändert, Bild 128.

XIV. BRÜCKENBAU

Bild 129. Römerbrücke in Vaison la Romaine. Freundlichst überlassen vom Römisch-Germanischen Zentralmuseum Mainz.

Italien hat keine großen Ströme. Es war möglich, die Flüsse ohne Strompfeiler mit einem einzigen Wölbbogen zu überbrücken. Die Steinbrücken sind daher die Regel, Bild 129. Die Tiberbrücke in Rom ist eine solche. Sie enthält gleichzeitig eine Straßenunterführung. Den Unterbau der Fahrbahn einer solchen Steinbrücke sieht man in Bild 130.

Die große Kunst des Brückenbaues verfeinerten die Römer an den breiten Strömen ihrer nördlichen Provinzen. Die ältere Pfahlrostbrücke über die Mosel bei Trier hatte Strom- und Landpfeiler. Die noch dem Verkehr dienende Steinpfeilerbrücke aus der Zeit um 140 n. Chr. zählte neun Steinpfeiler, von denen zwei bei Errichtung der Stadtbefestigung aufge-

Bild 130. Belag einer Tiberbrücke; wie Bild 129.

Bild 131. Pfahlgründung der Mainzer Brücke. Römisch-Germanisches Zentralmuseum Mainz.

geben worden sind. Um die aus großen Basaltquadern gefügten Pfeiler auf soliden Felsboden zu gründen, wurden hölzerne Rahmen im Flußbett versenkt, die Zwischenräume mit Ton gefüllt und so eine „Baugrubenhaltung" erstellt, die nach 1850 Jahren noch funktionstüchtig und intakt ist. Die Fläche innerhalb der Rahmen wurde bis zum felsigen Untergrund ausgehoben und dann die Pfeiler errichtet. Die hölzerne Rahmenkonstruktion blieb als „Leitplanke" zum Schutz der Schiffe stehen. Auf den Steinpfeilern ruhte eine Sprengwerks-Konstruktion aus Balken und Bohlen, die den Straßenkörper trug.

Bild 132. Donaubrücke, erbaut 103 bis 105 n. Chr. von Apollodorus. Relief von der Trajansäule in Rom, errichtet 113 n. Chr.

Bild 133. Konstantins Rheinbrücke zwischen Köln und Deutz; 1. Hälfte 4. Jh. Modell im Römisch-Germanischen Museum Köln.

Sehr große Brücken baute man anders. Man setzte die Strompfeiler auf eine Pfahlgründung. Der Pfahlrost der Rheinbrücke zwischen Mainz und Kastell wurde wiedergefunden, Bild 131. Er besteht aus starken Eichenstämmen. Sie sind mit gewaltigen eisernen Pfahlschuhen beschlagen. Auf der Pfahlgründung ruhten die Strompfeiler aus Hausteinen oder Gußbeton. Die Öffnung zwischen ihnen war durch ein hölzernes Sprengwerk überbrückt. Man kennt es aus Münzdarstellungen der Mainzer Brücke.

Bild 134. Cäsars Rheinbrücke, 54 v. Chr. Modell im Rheinischen Landesmuseum Bonn.

83

Ganz gleich war die Konstruktion der Brücke, die der Ingenieur Apollodorus auf Anordnung Trajans im Jahre 103 bis 105 n. Chr. über die untere Donau bei Turnu Severin baute. Vorn in Bild 132 bringt der Kaiser Trajan ein Stieropfer, vielleicht zur Einweihung der Brücke. Im Hintergrund ist sie mit Pfeilern und Sprengwerk sichtbar.

Auch die Rheinbrücke, die unter Konstantin d. Gr. 310 n. Chr. von Köln nach Deutz gebaut wurde, ist vermutlich auf die gleiche Konstruktion zurückzuführen, Bild 133. Jedenfalls ist die Pfahlgründung, die man wiedergefunden hat, dieselbe wie die über 220 Jahre ältere in Mainz. Die Konstruktion muß sich also bewährt haben.

Ganz anders sah die Kriegsbrücke aus, die Cäsar schon im Jahre 55 n. Chr. bei Neuwied über den dort 400 m breiten Rhein schlagen ließ, Bild 134. Sie ist die typische feldmäßige Pionier-Konstruktion; ihr Aufbau: gespreizte Joche, verbunden durch die Streckbalken und auf diesen die querliegenden Belaghölzer, gehalten durch die Rödelbalken. Bemerkenswert ist, daß die Pionierdienstanweisungen des deutschen Heeres noch nach dem Ersten Weltkrieg durchaus die gleiche Bauweise vorschrieben. Cäsars Soldaten stellten die Brücke einschließlich der Holzgewinnung in 10 Tagen fertig. Mit Recht bezeichnet Plutarch 130 Jahre später dieses Vorgehen bewundernd, als „ein Werk, das schlechthin unglaublich erschien".

Bild 135. Schiffbrücken über die Donau. Relief von der Trajansäule in Rom, 113 n. Chr.

XV. SCHIFFBAU UND SCHIFFSVERKEHR

Bild 136. Der Claudius- und Trajanshafen von Ostia. Modell von J. Gismondi.

Ein Kaufmann namens Flavius Zeuxis aus Hierapolis in Phrygien läßt in seiner Grabschrift berichten, daß er nicht weniger als 72mal geschäftlich von Malta nach Italien gereist sei. Das ist glaubhaft. Mangels Post und Telephon spielte die Seereise zu mündlicher Verhandlung mit Kunden und Lieferanten bei jedem Geschäftsfall eine weit größere Rolle als heute. Vollends für Massen- und Schwergüter hatte das Schiff auf Meer und Flüssen eine ungleich höhere Bedeutung als die Straße. Häfen wie Alexandria, Antiochia, Puteoli oder Ostia waren Brennpunkte von Handel und Verkehr. Leben und Treiben war dort nicht weniger international, erregend und turbulent als in modernen Welthäfen. In dem später verödeten Dioskurias (Sebastopol) soll zu Beginn der Kaiserzeit ein Gewirr von 70, nach anderen von 300 kaukasischen Sprachen geherrscht haben, und der römische Kaufmann benötigte dort zur Abwicklung seiner vielfachen Geschäfte 130 verschiedene Dolmetscher. Mag der Bericht auch übertrieben sein, so ist er doch kennzeichnend.

Der Welthafen Roms war vom Ende der Republik an Ostia an der Tibermündung. Ostia und Rom sind etwa wie Bremerhaven und Bremen zu denken. Ostia war der Umschlagplatz für die ungeheuren Getreidelieferungen, die annona, zur Versorgung der unruhigen, unaufhörlich panem et circenses heischenden römischen Plebs. Hier ging es um den panis. Der Weizen kam in ganzen Flotten von Übersee, vor allem aus Ägyp-

Bild 137. Segelschiff. Grabmal des C. Munatius Faustus in Pompeji, um 70 n. Chr.

ten, aber auch aus Syrien, Tunis und Algier und aus Sizilien. Die Seeschiffe löschten in Ostia. In Ostia wurde gestapelt. Von hier ging die Fracht auf Abruf des Ernährungsministeriums, des praefectus annonae, in Treidelschiffen tiberaufwärts nach Rom.

Die Kaiser Claudius und Trajan hatten zu diesem Zweck eine grandiose Hafenanlage geschaffen. In Bild 136 sieht man links den Claudius-, rechts den Trajanshafen. Die großen Gebäude dazwischen sind Stapel-und Lagerhäuser für die annona, aber auch sonstige Massengüter wie Öl, Wein und natürlich auch für Stückgut. Kaimauern und Molen sind teilweise Caisson- oder Spundwand-gründungen in Gußbeton. Alle Geschäftsleute, die sich mit Schiffahrt und Seehandel befaßten, hatten in Ostia ihre Niederlassung. Allein 61 Büros lagen an einem großen von Säulenhallen umgebenen Platz. Vor seinem Geschäftseingang hatte jeder Unternehmer sein Firmenschild. Das war ein Mosaik in dem Pflaster des Laubenganges. Wir sehen, geschmückt mit zwei Schiffen, das Kontor einer Firma, die offenbar überseeischen Weinimport betrieb. Wir finden die Niederlassung einer Schiffahrtsgesellschaft mit der Firmenbezeichnung

Bild 138. Ruderseeschiff. Aus [12].

86

Bild 139. Hafenszene. Etwa 200 n. Chr. Museum Torlonia.

navicularii negotiantes aus Karalis (Cagliari). Eine andere Firma hieß navicula [rii] Karthag [inienses] de suo (Karthagische Schiffahrtsgesellschaft mit unbeschränkter Haftung). Wie in zahlreichen benachbarten Schiffahrtbüros konnte man hier Frachtraum chartern und Passagen für Reisende buchen. Zweifellos sind dort auch die Handelskammer und die Börse zu denken, in der die Kurse für Schiffsraum und Getreide ausgehandelt wurden. Daneben treffen wir nach Ausweis der Inschriften die Geschäftsräume der Vermittler von Personal zum Leichtern, von Sackträgern, Kalfaterern, Tauchern, Treidelgespannen u. a. Ferner Spediteure, Lieferanten von Tau- und Segelwerk und Importeure von Schiffbauholz.

Das Ingenieurhaus, das Haus der Schiffbautechnischen Gesellschaft und des Reedereisyndikates, collegium naviculariorum, gibt Kunde von den allerorten üblichen berufsgenössischen Zusammenschlüssen. Natürlich benötigte man auch das Ernährungsministerium für die annona ein repräsentatives mehrstöckiges Bürogebäude, das Haus der mensores frumentarii, der Kornmesser. Die Kornmesser hatten die Papiere der einlaufenden Schiffe und die Güte und Maßrichtigkeit der Fracht zu prüfen und die Ladung für die Regierung abzunehmen. Als ein mittleres Maß der Seefrachtschiffe kann man etwa 20 m Länge, 6 m Breite, 2,50 bis 3 m Tiefgang und 200 bis 500 t Nutzlast rechnen, Bild 137. Es waren reine Segelschiffe. Daneben gab es für

Bild 140. Weintransport. Von einem Grabmal in Neumagen a. d. Mosel; um 250 n. Chr. Rheinisches Landesmuseum Trier.

den Personen-und Nachrichtenverkehr, insbesondere die Staatspost, leichter gebaute Schnellsegler, die sog. Liburnen. Die Geschwindigkeit der Segelschiffe lag zwischen 7,5 und 14,4 km/h. Für Sonderzwecke der nahen Küstenschiffahrt wurden auch Ruderschiffe eingesetzt, Bild 138. Kriegsschiffe konnten segeln und rudern.

Höchst lebendig ist die Hafenszene in Bild 139. Links ist gerade ein Frachtensegler eingelaufen. Die Buchstaben VL — auf dem Segel —

Bild 141. Treidelschiff. Wandgemälde aus Ostia. Frühe Kaiserzeit. Vatikan-Museum, Rom.

(Votum Libero [?] Weihgabe an Liber) lassen, wenn richtig gedeutet, darauf schließen, daß es das Schiff eines Weinimporteurs ist. Jedenfalls ist es das einer römischen Firma, kenntlich an der Wölfin im Segel. Das Schiff hat mit stark gebraßtem Segel soeben beigedreht. Ein Matrose schafft im Beiboot unter dem Steuerruder hindurch ein Verholtau ans Ufer. Der Steuermann steht noch am Ruder, bringt aber bereits ein Dankopfer für glücklich vollendete Fahrt. Im Vorschiff ein schräger Baum, ein Mittelding zwischen Vormast und Bugspriet. Er führte bei Bedarf ein Sturm- oder Treibsegel, diente offensichtlich aber auch als Verladekran.

Rechts ein anderer Frachter. Er hat an einem Ring der Kaimauer (ganz rechts unten) festgemacht. Das Segel ist gerefft. Das Bugspriet mit dem Kran scheint in voller Tätigkeit zu sein. Schauerleute übernehmen auf einer Laufbrücke die Last (vielleicht Weinamphoren) und tragen sie an Land. Hinter dem großen Segler ein Leuchtturm. Unten, ähnlich wie der Pharos (Bild 64) vier quadratische Stockwerke. Das unterste ist durch eine Tür vom Wasser aus zugänglich. Auf dem vierten Stockwerk steht eine Kaiserstatue. Das fünfte Stockwerk ist rund und trägt das lodernde Leuchtfeuer. Auf dem Turm gegenüber, am Ufer, ist ein Triumphbogen mit einer Elefantenquadriga.

Bild 142. Verladen eines Truppentransportes in einer Hafenstadt an der Save, Winter 102 n. Chr. Relief von der Trajansäule, Rom, 113 n. Chr.

Bild 143. Fährschiff aus dem Nemisee bei Rom. Aus [12].

Bild 144. Bleiverkleidung der Nemischiffe. Aus [12].

Dazwischen verziert antiker Modegeschmack, Gottheiten in unproportionierter Vergrößerung, die Grabplatte. Ein Bacchus rechts ist ein Hinweis auf die Weintransporte. In der Mitte reicht ein Genius mir Glücksfüllhorn dem ankommend* Schiff einen Kranz. Davor der Meeresgott Neptun. Nach dem Fundort könnte die Szene im Hafen von Ostia spielen.

Die Flußschiffahrt wurde mit Ruder-, vorzugsweise aber wie noch in der Neuzeit mit Treidelschiffen betrieben. Bild 140 stellt einen Weintransport auf der Mosel dar. Die Fässer sind nicht römische Dolien, sondern einheimische, gallische Holzfässer. Reste von

Bild 145. Anker vom Nemischiff. Aus (12).

Flußbooten und Last-schiffen wurden am Rhein und seinen Nebenflüssen beobachtet. In Mainz wurden 1981/82 mehrere Wracks gehoben, die nach der den drochronologischen Bestimmung dem Ende des 1. und der 2. Hälfte des 4. Jh. n. Chr. angehören.

In Bild 141 sieht man, wie ein Treidelschiff mit Korn beladen wird. Die Szene spielt im Hafen von Ostia, Die Fracht soll vermutlich im Auftrage des Ernähr-ungsministeriums, der anno-na, von Ostia tiberaufwärts nach Rom gehen. Schauer-leute, saccarii, bringen in Tragsäcken das Getreide vom Stapelhaus und füllen es um in einen großen, wasserfesten (ledernen?) Meßsack. Ein Abnahme-

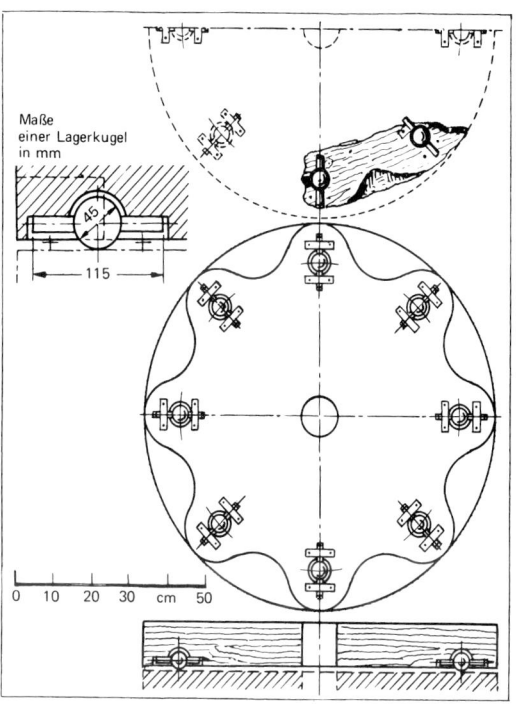

Bild 146. Drehplattform aus Kugellagern vom Nemischiff. Aus [12]. Näheres bei Vitruv, X. 2.

beamter der annona, der Kornmesser Arascantus, kontrolliert Qualität und Sackfüllung. Vorn am Bug vermutlich der Aufschreiber. Der Schiffsherr Farnaces steht hinten auf der Steuerbrücke. Das Schiff, die Isis Geminiana, hat seinen Namen von Isis, der Schutzgöttin der Schiffahrt. Als Treidelschiff erkennt man es an dem Treidelmast. Er war kurz, sehr stark, stand im Vorderteil des Schiffes und war durch hier nicht dargestellte Stagseile ab-gespannt. An seiner Spitze wurde das Zugseil befestigt. Eine andere Ladeszene sehen wir auf Bild 142. Es zeigt einen Truppentransport auf der Donau. Die Mannschaften fahren in Ruderschiffen. Das Gepäck wird in Schleppkähne verladen. Vermutlich sollen sie von den Ruderschiffen gezo-gen werden. Rechts überwacht Kaiser Trajan mit seinem Generalstab die Einschiffung.

Zwei Riesenschiffe aus der Zeit Caligulas ließ Mussolini kurz vor dem Zweiten Weltkrieg aus dem Nemisee bergen und mit höchster Sorgfalt kon-servieren. Sie waren nie für praktische Zwecke bestimmt. Für den kleinen, engen Kratersee hoch in den Albanerbergen sind sie viel zu groß, Bild 143.

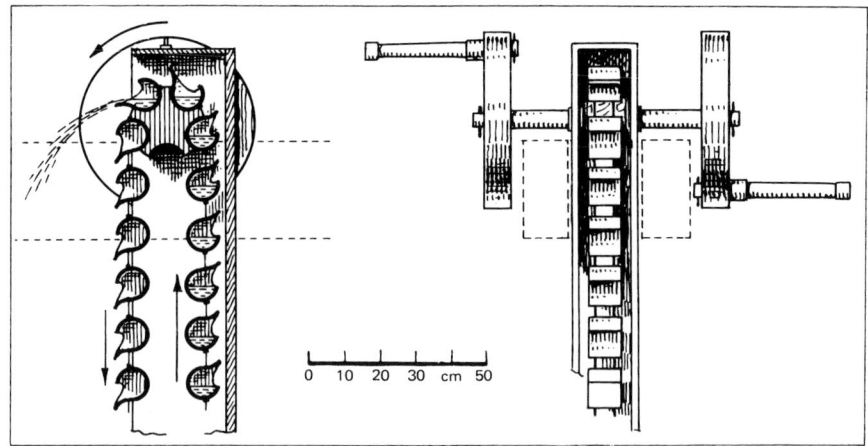

Bild 147. Schöpfwerk vom Nemischiff. Aus [12]; beschrieben von Vitruv, X.4.

Vermutlich dienten sie zu Schiffsprozessionen im Kult der Diana Nemorensis. Dennoch boten sie Belehrung über eine Fülle schiffbautechnischer Konstruktionseinzelheiten wie kein anderer antiker Fund. Zum Schütze gegen Anfressungen waren sie mit Bleiplatten beschlagen, Bild 144. Ihr Schicksal ist tragisch. Nach 1900 Jahren mit Mitteln moderner Technik geborgen, vernichtete moderne Technik sie gleich darauf wieder im Kriege. Folgende Bilder zeigen Einzelheiten von den Nemischiffen: Bild 145, Bild 146 (vermutlich der Unterbau eines Drehkranes (?)) und Bild 147.

Bild 148. Schiffszimmermann. Museum in Ravenna.

92

Eigenartig ist die Steuerung. Jedes Schiff hatte je ein Ruder auf Steuer- und Backbord. In das Ende des Schaftes war eine Pinne eingesteckt. Das sieht man auf Bild 139 sehr deutlich. Die Ruderpinne ist aber auch in Bild 141 zu erkennen. Die guterhaltenen Nemiseefunde geben volle Klarheit. Offenbar wurde das schwere Ruder durch Drehen an der dünnen Pinne betätigt. Die Drehung des Ruderblattes zusammen mit seiner Schrägstellung erzeugte einen seitlichen Wasserdruck und damit die Steuerwirkung. Auch vom Wirken des Schiffzimmermannes haben wir Kunde. In Bild 148 bearbeitet er einen Spant mit dem Zimmermannsbeil. Werkzeug wurde wie heute gern gestohlen. Deshalb ist die schwere unter dem Schiffskörper abgestellte Werkzeugkiste mit dem üblichen römischen Schiebeschloß verschließbar. Der Meister war ein fleißiger Mann. Publius Longidienus Publii filius ad onus properat (Publius Longidienus junior sputet sich bei seiner Arbeit), sagt die Inschrift.

XVI. KRIEGSTECHNIK

Etwa 300 Jahre genoß das Imperium seit Augustus den römischen Weltfrieden. In dieser Zeit garnisonierten sämtliche Legionen, d. i. die schwere Infanterie des mobilen Heeres, ausschließlich an den Grenzen des Reiches. Im Inneren gab es außer der kaiserlichen Garde und kleinsten, allerdings zahlreichen Aufsichts- und Sicherheitskommandos keinen Soldaten. Die Grenze dagegen war in der Blütezeit des Reiches stark besetzt und gut befestigt.

Zu dieser Befestigung gehörte der Limes zwischen Rhein und Donau, Bild 149. Sein Rückgrat waren nicht weniger als 82 feste steinerne Kastelle. Eines von ihnen ist die Saalburg, Bild 150 und 151. Die meisten faßten eine Kohorte, etwa ein Bataillon zu 600 Mann. Der Soldat baute sie selber. In Bild 152 sieht man, wie für die Umwallung steinerne Futtermauern mit Zwischenfüllung von Erde aufgeführt werden. In den langen Friedensjahren war es möglich, die Soldaten vielfach mit produktiver Arbeit zu beschäftigen. Manche strategisch wichtige Straßen der Grenzgebiete sind Soldatenwerk. Bild 58 zeigt einen Heizungsziegel von der Saalburg. Er stammt aus der Legionsziegelei zu Mainz, ausgewiesen durch den Stempel „LEG XXII PPF", XXII. Legion, primigenia, pia, fidelis (die Stammtruppe, die zuverlässige,

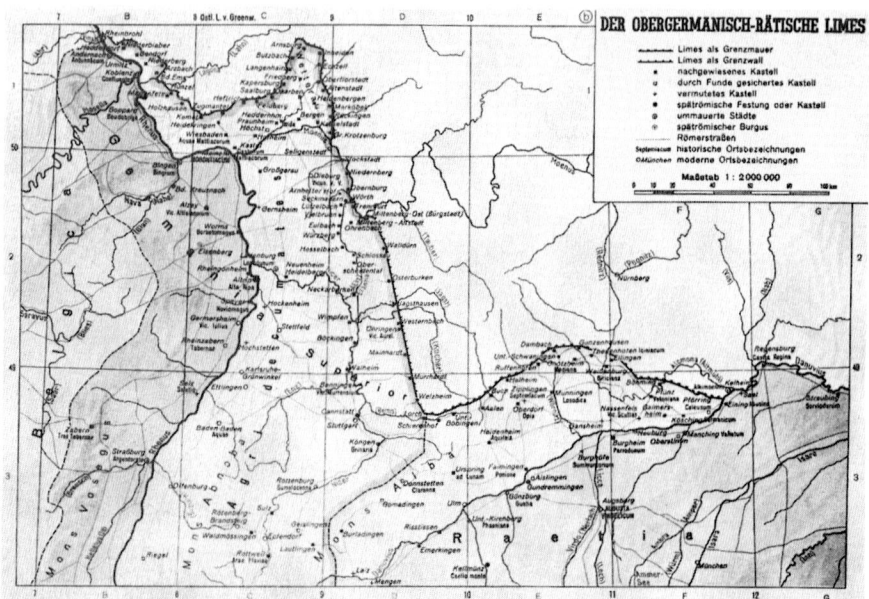

Bild 149. Karte des Limes. Aus [13].

Bild 150. Luftbild der Saalburg. Firma Plan und Karte, Münster.
Bild 151. Porta praetoria der Saalburg. Saalburgmuseum.

treue). Die Militärtechnik, namentlich das Belagerungswesen, war wie ein Kunstwerk vervollkommnet. Hier sei die Rede von unbekannten wie verblüffenden Leistungen der antiken Artillerie. Die Geschütze waren Drillgeschütze. Bild 153 veranschaulicht in absichtlich naiver Darstellung das Prinzip. Durch ein Bündel aus Frauen- oder Tierhaaren ist ein Spannarm gestreckt. Das Bündel wird verdrillt und so vorgespannt. Jetzt wird der Arm durch Haspel oder Flaschenzug zurückgezogen. Die am Arm auftretende Spannkraft beträgt bis zu 6 000 kg. Kein Bogen, keine Armbrust, überhaupt kein anderes Spannprinzip vermag bei gleichem Gewicht und Raumbedarf Gleiches zu leisten.

Das weitaus wichtigste Geschütz war das Pfeilgeschütz der Feldartillerie. Es wird in Gefechtsberichten unzählige Male erwähnt. Das Geschütz hatte zwei durch Sehnen verbundene Spannarme. Der Pfeil war 1,20 m lang, Bild 154.

Bild 152. Bau eines Kastelles. Relief von der Trajansäule, Rom; 113 n. Chr.

Auf 340 m Entfernung durchdrang er einen 2 cm dicken Hartholzschild 30 cm tief. Im Jahre 1902 wurden Kaiser Wilhelm II. Schießversuche vorgeführt. Das Geschütz wurde in dem Eingabelungsverfahren der modernen Artillerie eingeschossen. Ein Pfeil traf auf 50 m Entfernung bei Windstille ins Schwarze der Ringscheibe. Bei festgehaltener Geschützeinstellung spaltete ihn ein folgender Pfeil. Zufall? Wahrscheinlich. Trotzdem ... 50 % aller Schüsse lagen in einem

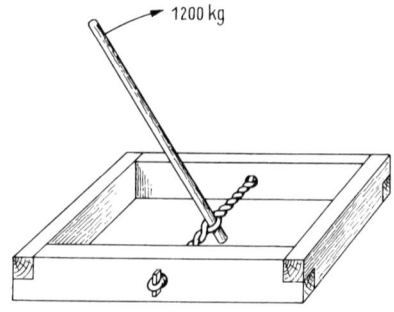

Bild 153. Prinzip der Drillgeschütze. Verf.

Streukreis von etwa 20 cm Dmr. Das Drillprinzip ging im Mittelalter verloren. Gleiche Durchschlagskraft, Feuergeschwindigkeit und Treffsicherheit hat das Pulvergeschütz erst in friderizianischer Zeit erreicht. Spannend schildert Cäsar einen Vorgang aus der Belagerung von Gergovia. Die Römer versuchten, mit einem Belagerungsturm und Sturmbock eine Bresche in die Stadtmauer zu legen. Die Gallier wehrten wirksam mit brennenden Pechtöpfen ab, die sie aus der Mauerlücke abwarfen. Da ließ Cäsar ein Pfeilgeschütz auffahren und auf die gefährdete Stelle einrichten. Wieder trat ein Gallier in die Lücke. Ein Artilleriepfeil streckte ihn nieder. Todesmutig trat ein zweiter, dritter Mann an seine Stelle. Unfehlbar erreichte ihn das treffsicher eingeschossene Geschütz. So opferten sich nacheinander fünf

Bild 154. Rekonstruktion eines Pfeilgeschüztes.

Bild 155. Rekonstruktion einer Steinschleuder

97

Bild 156. Munitionslager in Pergamon, enthält 894 Steinkugeln bis 73 kg Höchstgewicht. 3. Jh. v. Chr. Aus [5; insbes. Bd. 2].

Mann. Dann war niemand mehr bereit. Der Sturmbock vollendete sein Werk. Mit dem Pfeilgeschütz bespannte Feldartillerie sieht man in Bild 152. Die Maschine ist eine kunstvolle mit Metall beschlagene Holzkonstruktion und wurde deshalb vom Feldheere mitgeführt. Außerdem gab es das einarmige schwere Belagerungsgeschütz, Bild 155. Es wurde vielfach von der Truppe selbst erst an Ort und Stelle gebaut, war ein Steilfeuergeschütz und verschoß Steinkugeln bis zu 300 m Weit. Der Rückstoß war so heftig, daß das ganze Geschütz beim Schuß sprang und bockte. Deshalb führte es im Soldatenmunde den Namen Onager, Waldesel. Man mußte es auf eine Bettung aus Rasenstücken und Ziegelsteinen stellen. Ein Munitionslager mit den zugehörigen Geschossen verschiedenen Kalibers wurde in Pergamon gefunden, Bild 156.

XVII. SCHRIFTTUM

[1] *Szilagyi:* Aquincum. Budapest: Verl. der Ungarischen Akademie der Wissenschaft 1956.

[2] *Majuri:* Pompeji: Novara 1955.

[3] *Sergejenko, Maria:* Leipzig: Pompeji 1954.

[4] *Krencker, D.:* Die Trierer Kaiserthermen. Augsburg 1929.

[5] *Gismondi, J.:* Propyläen-Weltgeschichte. Berlin 1931.

[6] *Sqassi:* L'arte idrosanitaria degli antichi. Tolentino 1954.

[7] *Mau:* Pompeji. Leipzig 1900.

[8] *Kreuz:* Rätsel um Carnuntum. Verl. L.-Hauptmannschaft Niederdonau, etwa 1939.

[9] *Overbeck-Mau*, u.a.: Pompeji. Leipzig 1884.

[10] Gas- und Wasserfach 91 (31. Mai 1950) Nr. 10

[11] *Mattingly*: Coins of the Roman Empire.

[12] *Ucelli:* Le navi di Nemi. Stamperia dello Stato 1950 XVIII.

[13] Großer geschichtl. Weltatlas. I. Bd. Bayr. Schulbuchverlag 1954.

XVIII. BILDNACHWEIS

Prof. Dr. *Klumbach*, Röm.-German. Zentralmuseum Mainz

Dr. *Schönberger*, Saalburgmuseum

Prof. Dr. *Fremersdorf*, Prof. Dr. *Hugo Borger*, Röm.-German. Museum Köln

Dott. Ingegnero *L. Squassi*, Rom

G. Ucelli di Nemi

Die Landesmuseen in Trier und Bonn.

Bau eines Kastelles. Relief von der Trajansäule, Rom; 113 n. Chr.

DAS RÖMERREICH
ZUR ZEIT SEINER GRÖSSTEN AUSDEHNUNG,
FLÄCHE 5 MILLIONEN QUADRATKILOMETER

///// Reichsgrenze

------ Provinzgrenzen

ASIA (Großschrift) Provinzen

Numidia (Kleinschrift) Völker, Städte, Flüsse

Verladen eines Truppentransportes in einer Hafenstadt an der Save, Winter 102 n. Chr.
Relief von der Trajansäule, Rom, 113 n. Chr.